四角形の七不思議

いちばん身近な図形の深遠な世界

細矢治夫　著

装幀／芦澤泰偉・児崎雅淑
カバーイラスト／shutterstock
本文デザイン／齋藤ひさの
本文図版／さくら工芸社

はじめに

著者は『三角形の七不思議』という本を数年前にこのブルーバックスから出した。実は、この七不思議が何と何かを選び出すことは難しい、と初めから逃げてしまったのだが、それで読者を煙に巻いてしまった、とは思っていない。三角形には不思議な話が次から次へとたくさん出てくるからである。

それと同じように、四角形にも不思議な話が山のようにあるのである。でも、あえて話を具体的に進めてほしいというので、著者の独断と偏見で敢えて7項目を拾い上げた。目次に(*)というマークをつけてある。これとは別に、読者自身の感想はいかがなものであろうか。

「三角形」の本ともう一つ違うことがある。我々の日常には、一見数学的には見えないが、四角形がらみの物や話題がぞろぞろと転がっているのである。普段は、それらの数学的な様相には気がつかない人でも、ちょっとしたヒントを与えると、途端に面白いと感じてくれる話題が沢山あるので、本書の後の方には、そういう話もいくつか集めてみた。

余計なことをぐだぐだと書き並べてしまったが、早速ページをめくってお付き合い願いたい。また、これはつまらないとか、まだこんな面白い話があるよ、というご忠告もありがたく著者に教えてほしい。

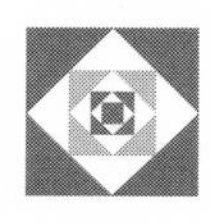

目　次

第1章
四角形の基本的性質…11

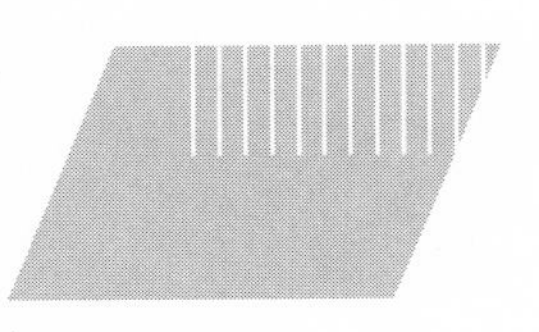

第2章

正方形の意外な性質…37

第3章

いろいろな長方形…69

第4章

曲者四角形の不思議…97

第5章

四角く並べた数の不思議…115

第6章

四角形をふくらませる…149

第7章

専門家を悩ませる四角形の不思議…175

第８章
硬くなった頭を四角でほぐそう …203

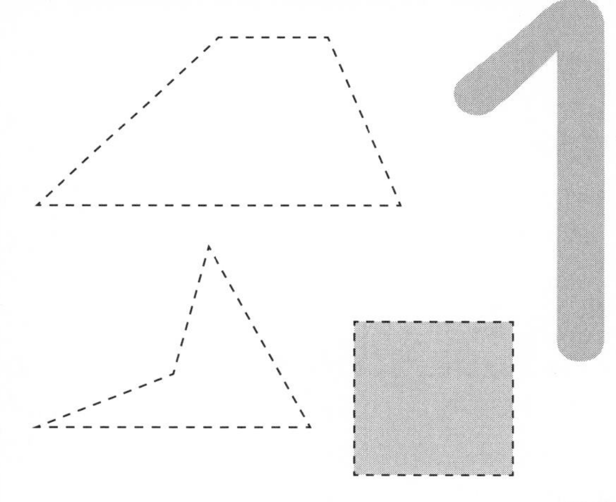

第1章

四角形の基本的性質

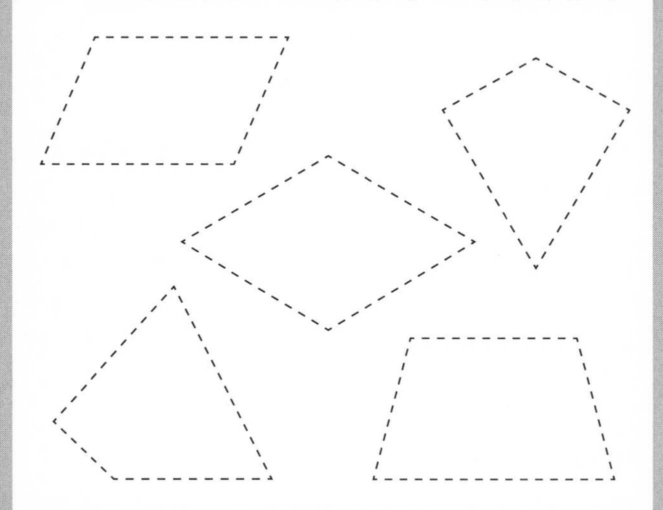

1-1
四角形のいろいろ

本書ではこれから、いろいろな四角形の数学的な面白さと、それにまつわる人間生活との関わりについて説明をしていくので、まず四角形の種類や術語を紹介しよう。ついでに英語も一緒に紹介したい。

四角形の英語は正式には長ったらしく quadrilateral（クオードゥリ・ラテラル）という。これは「四辺形」という意味である。それよりも、tetragon（テトゥラゴン）のほうが覚えやすいだけでなく、まさしく「四角形」である。日本の読者にはこちらのほうをお薦めする。英語の lateral は、形容詞でも名詞でもあるのだが、「横」とか「側」という意味合いの言葉であり、gon のほうは「…角形」を意味する接尾語である。さらに、この tetragon のほうが、その後の pentagon「五角形」、hexagon「六角形」というようにスムーズにつながるではないか。

図 1-1 は四角形のオンパレードである。まず凸四角形と凹四角形に大きく分かれる。180° を超える内角が 1 つでもあれば、それは凹四角形である。それ以外の凸四角形、すなわち普通の四角形は、正方形、長方形、菱形（ひしがた）、平行四辺形、台形、凧形（たこがた）、それに不等辺四角形を加えた 7 種類に大きく分かれる。なお、不等辺四角形には凹四角形を含めて言うこともあるので気をつけよう。図 1-1 には、これらの四角形の英語も書き添えてあるのだが、悩ましいことに、英国と米国で大きな食い違いが厳然としてあるのだ。この

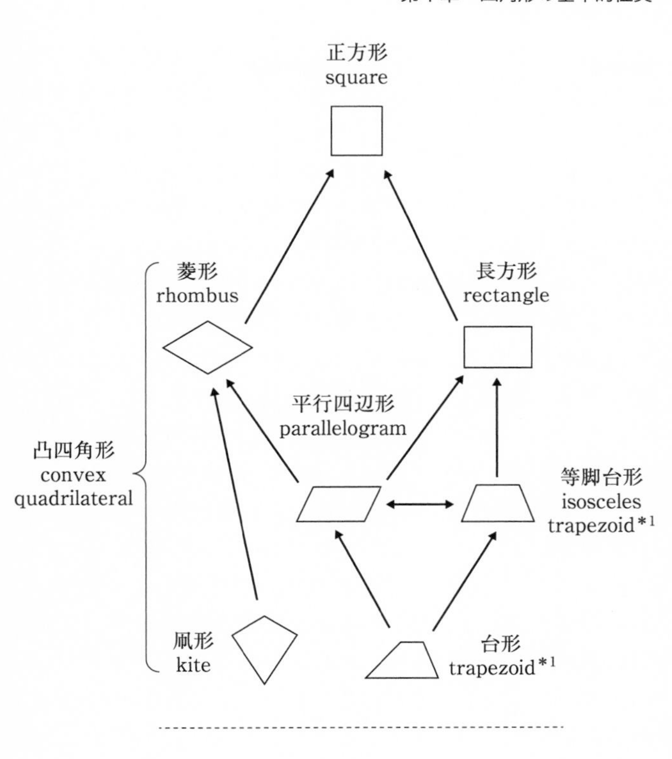

凸：convex　　凹：concave

不等辺四角形
trapezium *2 または
scalene quadrilateral

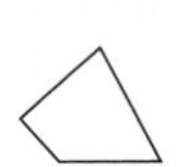

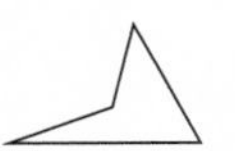

英では *1 は trapezium, *2 は trapezoid

図 1-1　**四角形の種類と関係図**

混乱は学校教育から数学の専門領域までの全般に及んでいるので困ったことだ。本書では米国流を踏襲することにするが、詳しくは次の節を見てほしい。興味ない人はその先へどうぞ。

この図で矢印の向きは大事な意味をもっている。矢印の根元の四角形は先端の四角形を含んでいるということである。すなわち、正方形は長方形の一員でもあるし、菱形の一員でもある。その長方形は、台形の一員でもあるし平行四辺形の一員でもあるのだ。この台形の一員には、一般的な名称ではないが、直角台形というのがある。それはという形をしている。図 1-1 の等脚台形の右横に描いて、その間に両矢印を描き足してもよいのだが煩わしくなるので省略した。この両矢印はこの場合、どちらがどちらかを含むというのではなく、対等の仲間であることを意味している。だから、平行四辺形と等脚台形は、どちらも台形の一員であり、長方形を包含しているという二点で対等の仲間同士なのである。そしていちばん下に描いてある凸四角形は、台形と菱形を介してその上にあるすべての四角形を包含しているのである。

なお、我が国には古くから梯形という言葉が使われていた。これは等脚台形のことで、和算の人たちは直角台形を半梯、不等辺台形（普通の台形）のことを二不等と呼んでいたらしい。

日本語はともかく、台形の英語は英米でまったく違う呼び方をしているので非常に紛らわしい。英語に興味があったり、英語でこれらの図形について調べごとをする人のために、次の節でその説明をするので、それ以外の人は読み飛ばして結構である。

1-2 チグハグな四角形英語

すでに説明したように、四角形の英語は quadrilateral で日本人には覚えにくい言葉だが、名詞だけでなく、「四角い」という形容詞にもなっている。でも、欧米では初等数学の段階から四角形は quadrilateral と教えている。この語の元々の意味は「四辺形」で、「四角形」を意味する quadrangle という言葉もあるのだが、これは数学の図形としてよりは、大学のような四角く大きな建物の内側にある「中庭」という意味のほうが一般的であるようだ。なお欧米の高名な数学者の中には、四角形は quadrangle と呼ぶべきだと唱えている人もいるので悩ましい。そこで前節に述べたように、日本の読者には tetragon を薦めている。

ところが、欧米の小辞典には quadrilateral と quadrangle はあるのに tetragon の載っていないものが多いのでびっくりしてしまう。しかし、これにもめげずに日本の読者には tetragon を薦めるというキャンペーンは続けていくつもりである。ご賛同とご理解を願う次第である。

さて、チグハグな四角形英語の話はまだ続くのである。trapezoid（トゥラペゾイドゥ）と trapezium（トゥラペジウム）である。英国では、この両者はそれぞれ、「不等辺四角形」と「台形」を意味するが、米国ではまったく正反対な使い方をしている。このややこしい状況は初等数学の段階から徹底している。我が国の数学者たちは米国流にしたがっているので、著者もそれにならうことにしている。すなわち、trapezoid は「台形」、trapezium は「不等辺四角形」である。このような問題があるから、四角形に関することを英語で読んだり、西欧の人と話をするときはよく気を付けてほしい。

1-3 四角形の基本的要素

四角形の数学的な諸性質を議論するためには、四角形のもつ基本的な諸要素とその言葉をきちんと定義する必要がある。この図形は初等教育の中でも重要な位置を占めていることが逆に災いして、我が国の数学界においてもこの基本的な問題が等閑視されていたきらいがある。ここであらためていくつかの用語の提案も行いたい（図 1-2 を参照）。

4 頂点（vertex）A, B, C, D からできる四角形をこの順に結ぶ 4 辺（side）を、a, b, c, d とする。この 4 辺の各中点（midpoint、辺心とも呼ぶ）を E, F, G, H とする。隣り合わない 2 頂点を結ぶ線分を対角線（diagonal）p, q と呼ぶ。隣り合わない 2 辺の中点を結ぶ線分を「対中線（bimedian）」m, n と呼ぼう。この線分は四角形の数学的性質を議論するために重要な役割を果たしているのに、従来我が国ではこういう術語を一切使っていなかったことが不思議である。

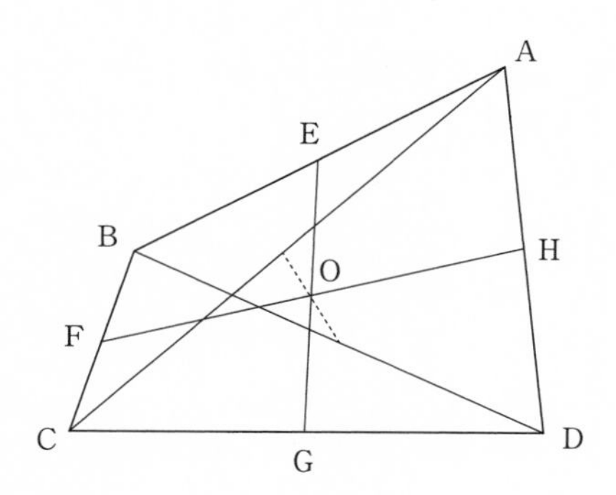

頂点（point, vertex）: A, B, C, D

辺（edge, side）: a = AB, b = BC, c = CD, d = DA

対角線（diagonal）：p = AC, q = BD

r：p と q の中点を結ぶ線分（破線）の長さ

中点、辺心（midpoint of a side）：E, F, G, H

対中線（bimedian）：m = EG, n = FH

点中心（vertex centroid）：O：m と n の交点、図の破線の中点でもある

図 1-2　四角形の基本的性質

次に、この 2 本の対中線の交点 O を「点中心（vertex centroid)」と呼ぼう。従来からこの点は、単に「重心」、あるいは「幾何学的重心（geometric centroid)」と呼ばれているのだが、後に詳しく議論する「物理的重心（center of gravity または center of mass)」と紛らわしいので、本書ではあえてこの新語「点中心」を使うことにする。四角形の物理的重心をきちんと議論するためには、四角形の面積を定義し理解することがその前に必要なことなのである。

このように 2 種類の重心に関しての混乱が起きるのは、三角形において幾何学的重心と物理的重心とが一致するということが原因のようである。

さて、以上の基本的な術語を使って四角形の数学的な性質を順々に説明していくのだが、対角線 p, q の中点の間の距離 r（図 1-2 の破線）ももう一つの重要な要素として入れておこう。

ここで、対角線がらみの p, q, r、対中線 m, n と四辺 a, b, c, d の間にはいくつかの密接な関係式が知られているので、それらを確認しておこう。

$$m = \frac{\sqrt{-a^2 + b^2 - c^2 + d^2 + p^2 + q^2}}{2} \tag{1.1}$$

$$n = \frac{\sqrt{a^2 - b^2 + c^2 - d^2 + p^2 + q^2}}{2} \tag{1.2}$$

$$p^2 + q^2 = 2(m^2 + n^2) \tag{1.3}$$

この 2 つの式から (1.3) は簡単に得られる。一方、先に定義した r の入った

$$a^2 + b^2 + c^2 + d^2 = p^2 + q^2 + 4r^2 \tag{1.4}$$

というきれいな式も知られている。

しかし初学者にとってはこれらの式はきれいだが、実際に r を求めるための手続きが面倒なので実用的ではないし、初学者をかえって混乱させてしまうという恨みがある。

1-4 四角形の面積

正方形の面積が1辺 a の平方の a^2、長方形の面積が縦と横の長さ a と b の積の ab というのは小学生でも知っている常識である。この他の一般の四角形の面積は、原則的に三角形に分割してそれらの面積の和を求めるのだが、その結果、

正方形の面積 = 1辺の長さの2乗

長方形の面積 = (底辺) × (高さ)

平行四辺形の面積

= (一組の平行辺の長さ) × (それに垂直な高さ)

$$台形の面積 = \frac{(上底 + 下底) \times (高さ)}{2}$$

$$菱形と凧形の面積 = \frac{2本の対角線の長さの積}{2}$$

という常識的な式が得られる。

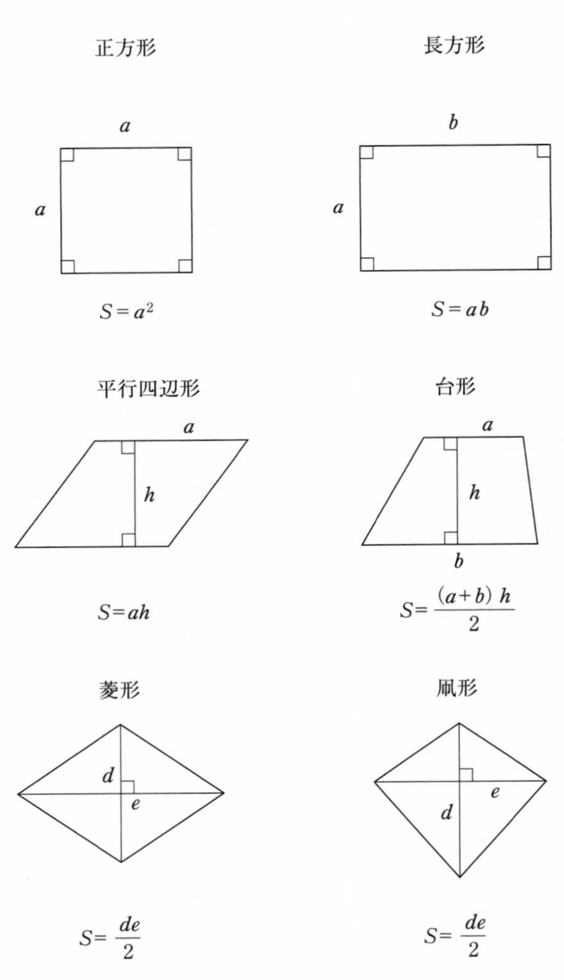

図 1-3 正方形、長方形、平行四辺形、台形、菱形、凧形

では、三角形のヘロンの公式のように、任意の四角形の面積の公式はないのだろうか。これは誰もが望むものなのだが、そう簡単なものではない。すでに述べたように、ある与えられた四角形を幾何学的に定義するためには、4 辺の長さだけでなく角度についてのいくつかの情報が必要となるからである。四角形の種類によってその情報の種類が違うので厄介である。

なお、p, q を使った

$$S = \frac{\sqrt{4p^2q^2 - (a^2 - b^2 + c^2 - d^2)^2}}{4} \tag{1.5}$$

という簡単な式が知られているが、現実的にはあまり使われていない。そこで角度の情報を使った方法を 2 つ紹介しよう。

i) 任意の四角形を平行四辺形に

図 1-4 (a) のように、ある与えられた凸四角形 ABCD の各辺の中点を順に結んでできる四角形 EFGH は平行四辺形になっている。(b) の凹四角形も、(c) のような辺が交差する四角形も共通にこの性質をもっている。

そして、元の四角形の面積 S は、両対角線 p と q、およびその間の角 α を使って

$$S = \frac{pq \sin \alpha}{2} \tag{1.6}$$

と表される。

（証明）対角線 AC（p）を引き、△ABC を考える（図

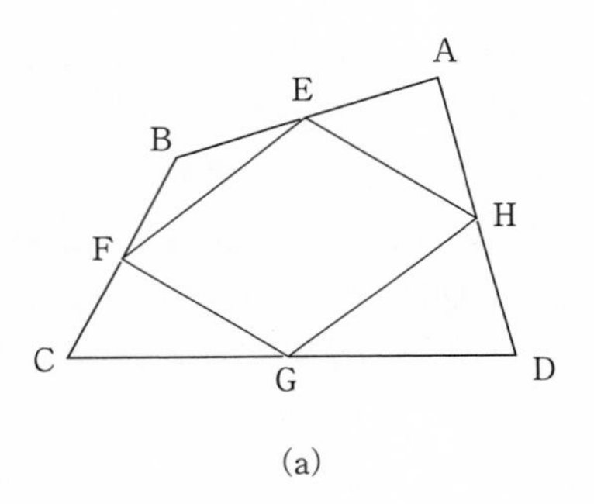

(a)

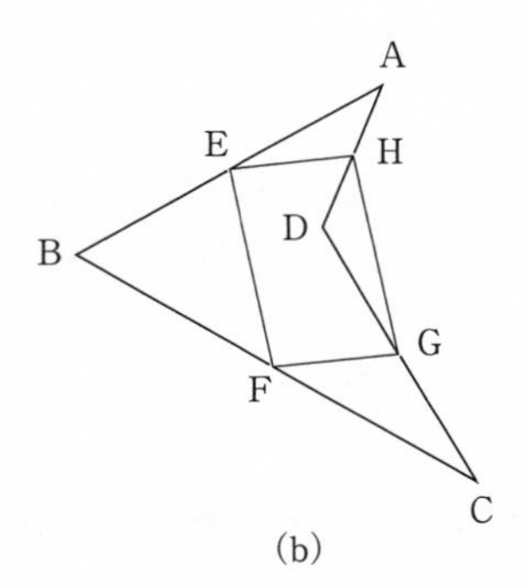

(b)

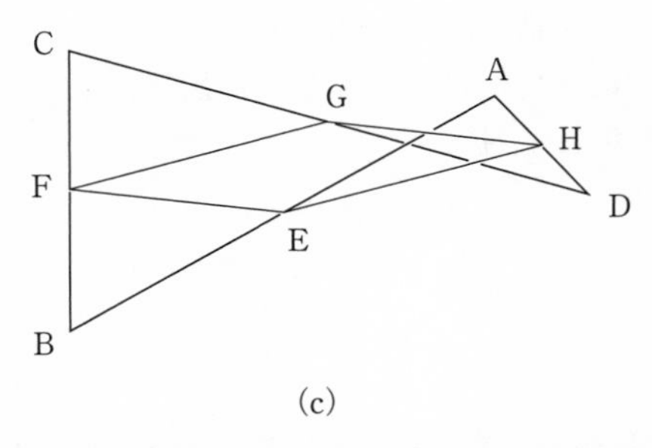

(c)

図 1-4 どんな四角形も各辺の中点は平行四辺形をつくる

1-5)。点 E と F は AB と BC の中点だから、線分 EF は AC に平行、かつ、$\mathrm{EF} = \dfrac{\mathrm{AC}}{2}$。同様にして、線分 HG は AC に平行、かつ、$\mathrm{HG} = \dfrac{\mathrm{AC}}{2}$。ゆえに、線分 EF と HG は等長、かつ平行。同じことを対角線 BD についても行えば、□EFGH が平行四辺形ということが証明される。

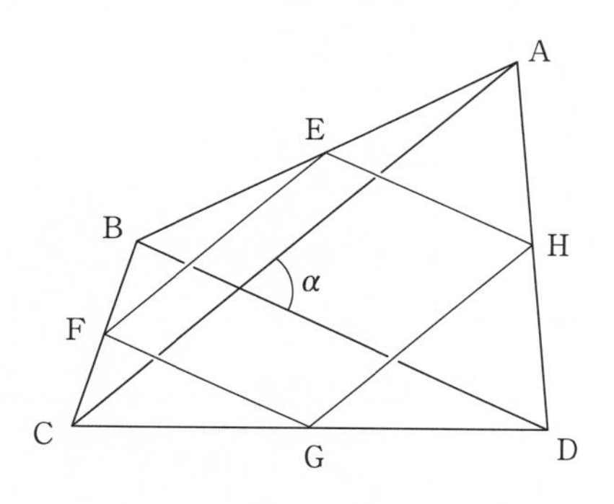

図 1-5　**四角形 EFGH は平行四辺形**

次に (1.6) を示すために、対角線 BD（q）を引き AC との交点を N とし、両線の間の角度を α とする（図 1-6）。また、点 B と D から辺 AC への垂線の足をそれぞれ K, L とする。

$$S(\triangle \mathrm{ABC}) = \frac{\mathrm{AC} \cdot \mathrm{BK}}{2} = \frac{\mathrm{AC} \cdot \mathrm{BN} \sin \alpha}{2} \tag{1.7}$$

$$S(\triangle \mathrm{ACD}) = \frac{\mathrm{AC} \cdot \mathrm{DL}}{2} = \frac{\mathrm{AC} \cdot \mathrm{DN} \sin \alpha}{2} \tag{1.8}$$

が得られるから、この 2 式を辺々加えることによって、

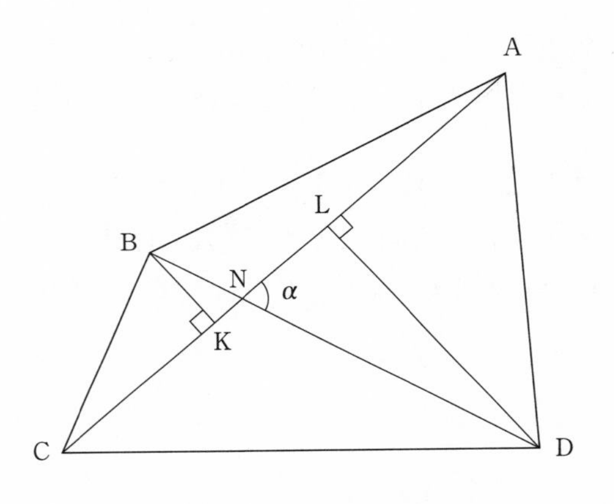

図 1-6 (1.6) の証明

(1.6) が証明される。

また、以上の過程を追って行けば、

$$\mathrm{EF} + \mathrm{FG} + \mathrm{GH} + \mathrm{HE} = p + q \tag{1.9}$$

も容易に示される。

ここで (1.6) に $\alpha = \dfrac{\pi}{2}$ を入れると、

$$\text{正方形}：S = \frac{d^2}{2}$$

$$\text{平行四辺形}：S = ah$$

$$\text{菱形}：S = \frac{de}{2}$$

$$\text{凧形}：S = \frac{de}{2}$$

が得られる（図 1-3 を参照）。ただし、正方形の対角線の

長さは d としてある。

ii) ブレートシュナイダーの公式

19 世紀のドイツの数学者ブレートシュナイダー（Carl A. Bretschneider 1808–1878）は、4 辺の長さ a, b, c, d と、相対する一対の内角の和を使った次のような公式を求めた。

$$S = \sqrt{(T-a)(T-b)(T-c)(T-d) - abcd\cos^2\frac{\mathrm{A}+\mathrm{C}}{2}} \tag{1.10}$$

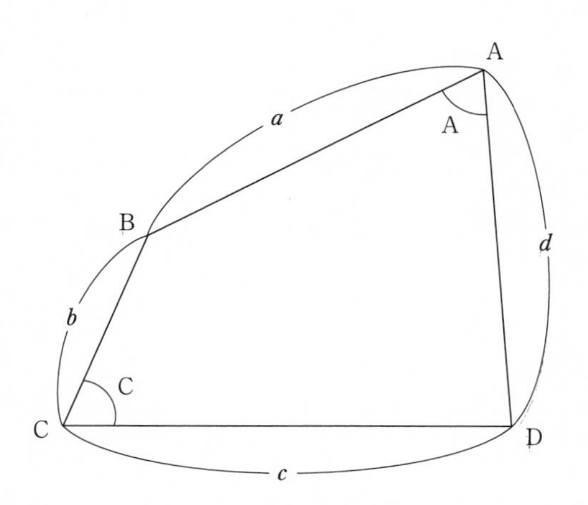

図 1-7　ブレートシュナイダーの公式

ここで、

$$T = \frac{a+b+c+d}{2} \tag{1.11}$$

である。この式は図 1-4 (b) のような凹四角形にも使える。

しかし図 1-4 (c) のような辺が交差する四角形では角度を定義することが難しいので除外する。

(1.10) の証明は長いが、次のようになる。

求める $S(\square\mathrm{ABCD}) = S$ は 2 つの三角形 ABD と BCD の面積の和だから、

$$S = \frac{ad\sin\mathrm{A}}{2} + \frac{bc\sin\mathrm{C}}{2} \tag{1.12}$$

となる。両辺を 2 倍してから平方をとると、

$$4S^2 = (ad)^2\sin^2\mathrm{A} + (bc)^2\sin^2\mathrm{C} + 2abcd\sin\mathrm{A}\sin\mathrm{C} \tag{1.13}$$

となる。$\triangle$ABD と $\triangle$BCD についての余弦定理から

$$\mathrm{BD}^2 = a^2 + d^2 - 2ad\cos\mathrm{A} = b^2 + c^2 - 2bc\cos\mathrm{C} \tag{1.14}$$

を得る。この両式から得られる

$$\frac{a^2 - b^2 - c^2 + d^2}{2} = ad\cos\mathrm{A} - bc\cos\mathrm{C} \tag{1.15}$$

の両辺の平方をとると、

$$\frac{(a^2 - b^2 - c^2 + d^2)^2}{4} = (ad)^2\cos^2\mathrm{A} + (bc)^2\cos^2\mathrm{C} - 2abcd\cos\mathrm{A}\cos\mathrm{C} \tag{1.16}$$

を得る。(1.13) と (1.16) を辺々足し合わせて、右辺に加法定理

$$\cos(\mathrm{A} + \mathrm{C}) = \cos\mathrm{A}\cos\mathrm{C} - \sin\mathrm{A}\sin\mathrm{C} \tag{1.17}$$

を適用すると、

$$4S^2 + \frac{(a^2 - b^2 - c^2 + d^2)^2}{4} = (ad)^2 + (bc)^2 - 2abcd\cos(\mathrm{A} + \mathrm{C}) \qquad (1.18)$$

が得られる。さらに、cosine の倍角の公式を使うと、$\cos(\mathrm{A} + \mathrm{C})$ は

$$\cos(\mathrm{A} + \mathrm{C}) = 2\cos^2\frac{\mathrm{A} + \mathrm{C}}{2} - 1 \qquad (1.19)$$

となるので、(1.18) の左辺の展開を行うと

$$\begin{aligned}16S^2 = &- (a^4 + b^4 + c^4 + d^4) \\ &+ 2(a^2b^2 + a^2c^2 + a^2d^2 + b^2c^2 + b^2d^2 + c^2d^2) \\ &+ 8abcd - 16abcd\cos^2\frac{\mathrm{A} + \mathrm{C}}{2} \qquad (1.20)\end{aligned}$$

となる。ここで、$(T - a)(T - b)(T - c)(T - d)$ を展開することによって、

$$\begin{aligned}16S^2 = &16(T - a)(T - b)(T - c)(T - d) \\ &- 16abcd\cos^2\frac{\mathrm{A} + \mathrm{C}}{2} \qquad (1.21)\end{aligned}$$

を得るので、証明終わり。

なお、4 辺と p, q, m, n を組み合わせた式はたくさんあるが、その中でいちばんきれいなものを 1 つだけ証明抜きで紹介しよう。

$$S = \frac{\sqrt{p^2q^2 - (m^2 - n^2)^2}}{2} \tag{1.22}$$

1-5 四角形を等面積に二分する

図 1-8 のように与えられた凸四角形 ABCD を、同じ面積の図形に一直線 AE で分割することを考えよう。対角線 BD を二等分する点 G を 2 頂点 A と C と結べば、□ABCG と □ADCG の面積は等しい。そこで、G から対角線 AC に平行に直線を引き、辺 CD との交点を E、AD との交点を F とする。ここで、

$$\square\mathrm{ABCG} + \triangle\mathrm{CEG} - \triangle\mathrm{AEG} = \square\mathrm{ABCE} \tag{1.23}$$

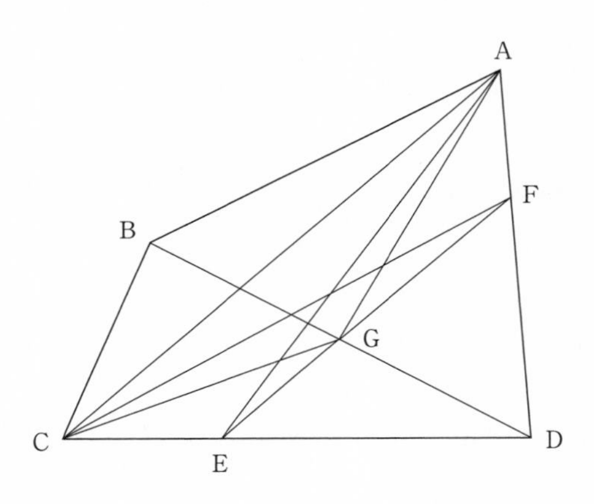

図 1-8 凸四角形の二分

という操作を行うと、$\triangle$CEG と $\triangle$AGE の面積が等しいから、線分 AE は $\square$ABCD の面積を二分したことになる。同様に、線分 CF で $\square$ABCD は二分される。

同じようにして、対角線 AC の中点を利用しても、頂点 B と D からの線分で元の四角形の面積を二分できる。この考え方を推し進めると、任意の多角形の面積を n 等分する方法も導かれる。凹四角形でも大丈夫である。図 1-9 を見てほしい。

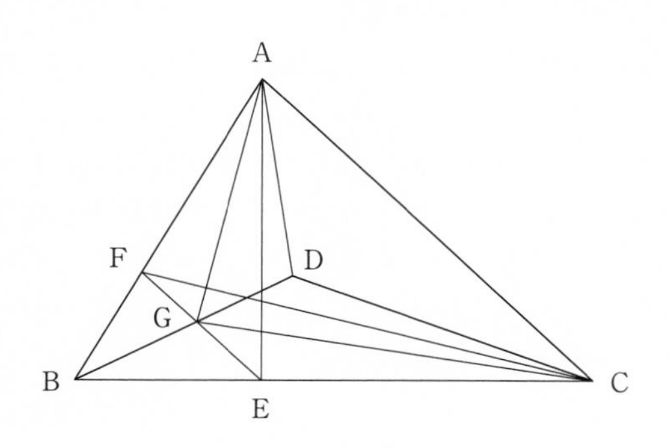

図 1-9　凹四角形の二分

点 G は BD の中点であるから、

$$\frac{\square\mathrm{ABCD}}{2} = \square\mathrm{ABCG} = \triangle\mathrm{ABG} + \triangle\mathrm{BEG} + \triangle\mathrm{CEG} \tag{1.24}$$

ここで $\triangle\mathrm{CEG} = \triangle\mathrm{AEG}$ だから

$$\square\mathrm{ABCG} = \triangle\mathrm{ABG}+\triangle\mathrm{BEG}+\triangle\mathrm{AEG} = \triangle\mathrm{ABE} \tag{1.25}$$

となるので、直線 AE で $\square$ABCD の面積が二分される。

なお証明は省略するが、図 1-8 において、元の四角形の面積を二分する線分 AE や CF の上にはその四角形の物理的重心はこないことがわかっている。したがって、残念ながら AE と CF の交点には特別な意味はない。物理的重心について詳しく説明しよう。

1-6 四角形の 2 種類の重心

任意の四角形を考える。その面の重さは無視するが、4 頂点には同じ大きさの重りをぶら下げる。すると、その面のどこかのある 1 点でこの四角形を水平に支えることができるはずである。そういう点が、1–3 節で説明した「点中心」あるいは「幾何学的重心」である。一方、この四角形を密度が均一な物質で作ったものの重心が「物理的重心」と定義されている。

点中心は、現実の物理的な意味はなくても数学的には定義のはっきりした概念である。そして、それは図 1-2 の点 O に他ならない。つまり、四角形の幾何学的な重心、すなわち点中心 O は、その各辺の中点のつくる平行四辺形の 2 本の対角線の交点である。

点 A の x, y 座標を $(x_\mathrm{A}, y_\mathrm{A})$ のように表したときに、四角形 ABCD の点中心の座標は

$$\left(\frac{x_\mathrm{A}+x_\mathrm{B}+x_\mathrm{C}+x_\mathrm{D}}{4},\ \frac{y_\mathrm{A}+y_\mathrm{B}+y_\mathrm{C}+y_\mathrm{D}}{4}\right) \quad (1.26)$$

と表される。定義がこのように簡単なので、幾何学的重心

に関する議論は初中等教育の場でも扱うことが容易なのである。これに対して、四角形の物理的重心 M を求めるためにはいくつものステップが必要となる。この O と M が一致するのは、正方形と長方形と菱形だけである。

一般の四角形で両者が一致しないことを図 1-10 の等脚台形について説明しよう。

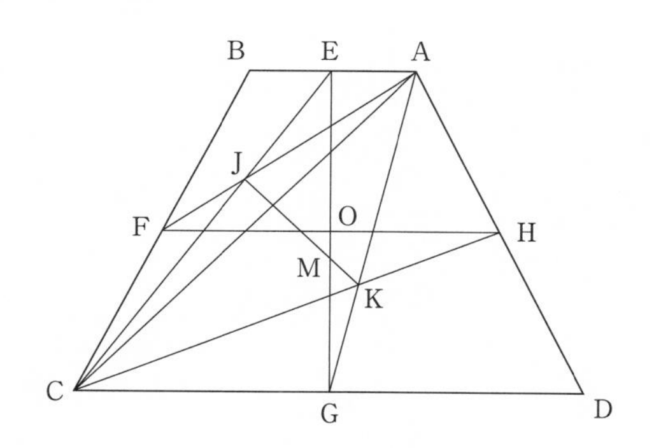

図 1-10　等脚台形の O と M は一致しない

等脚台形 ABCD の各辺の中点を E, F, G, H とし、対角線 AC で 2 つの △ABC と △ACD に分ける。一般に、三角形の重心は各頂点から対辺の中点へ引いた 3 線の交点として得られるので、△ABC の重心 J は AF と CE の交点、△ACD の重心 K は AG と CH の交点として求まる。この場合は等脚台形なので、その対称性から、物理的重心 M は鏡映対称の中心線 EG 上にあるはずであるから、その点は JK と EG の交点として決まる。その M は、2 つの三角形の大小関係から、線分 EG の中点、すなわち幾何学的重心Oよりは下方にくるはずである。したがってOとMは一致しない。

そこで悪乗りをして図1-11のような凹四角形を考える。

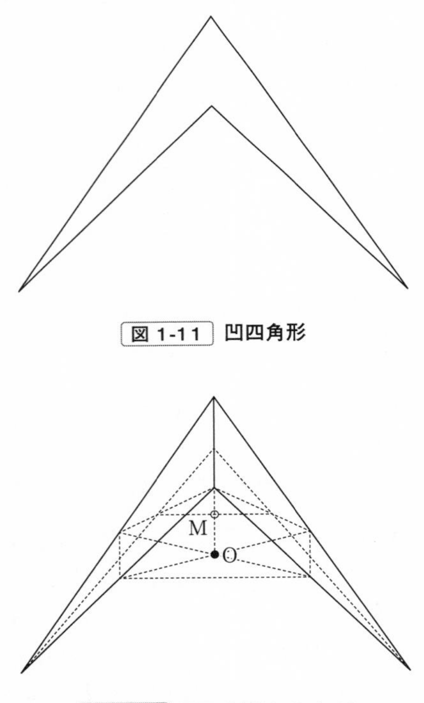

図1-11 凹四角形

図1-12 凹四角形のOとM

その幾何学的、及び物理的重心、OとMは、簡単な作図によってそれぞれ図1-12のように得られる。そして皮肉なことに、両者は完全に四角形の外側にはみ出てしまう。

Oはともかく、Mが外側にはみ出てしまうということは、この図形を1点で支えることができないということである。不思議な話だ。

1-7 四角形を敷き詰める

同じ四角形をたくさん使って平面を隙間なく敷き詰める、いわゆる平面充填（tiling または tessellation）が、正方形、長方形、平行四辺形、菱形等で可能だということは、わざわざ図を描かなくても納得することができる。ところが、凹四角形も含めて任意の四角形でも平面充填が可能だということは意外に知られていない。

まず、不等辺凸四角形について。図1-13を見てほしい。

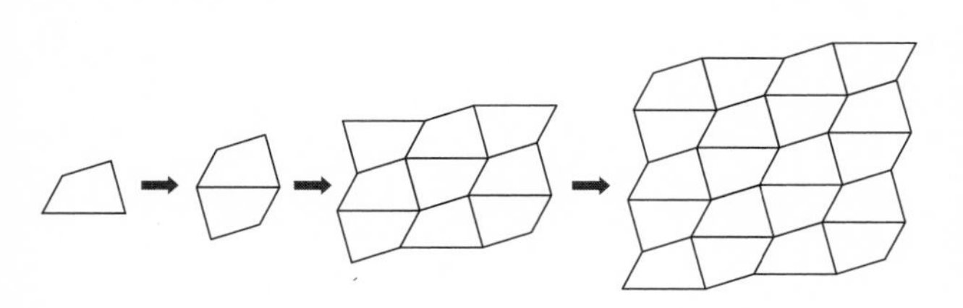

図1-13　不等辺凸四角形の平面充填

凹四角形についても同じように平面充填が可能である（図1-14）。

このいずれの場合においても、各頂点には基本となる四角形の4つの角が1つずつ集まっている。四角形の内角の

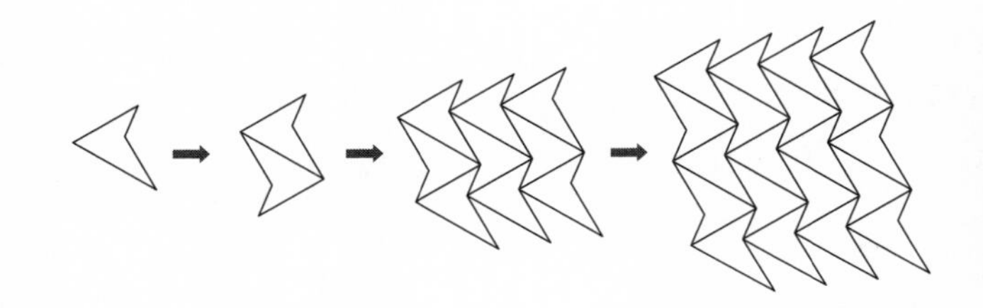

図 1-14 凹四角形の平面充填

和は 360° だから、それがうまい具合に平面充塡を可能にしていることが納得される。

それから上の 2 つの図で、二量体、すなわち元の四角形を 2 つ重ねた図は、いずれも中心対称な六角形になっている。それらは三組の平行な対辺からできているので、平行四辺形による平面充塡のパターンもいくつか浮かび上がってくるだろう。

さらに、ここに示した凸凹のいずれの四角形の周期的な

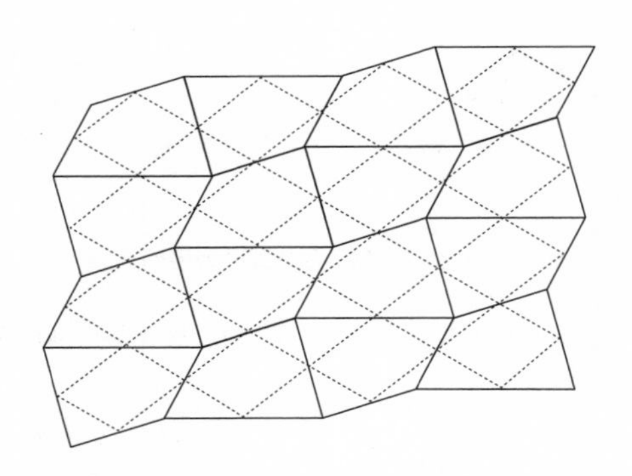

図 1-15 凸四角形の平面充塡から平行四辺形の平面充塡が

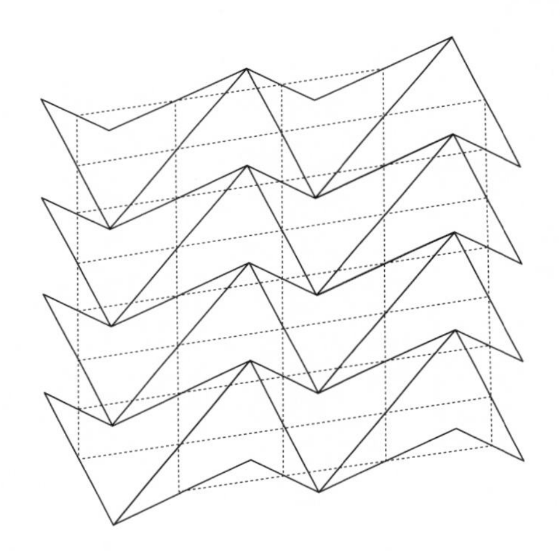

図 1-16　凹四角形の平面充塡からも平行四辺形の平面充塡が

平面充塡図においても、各辺の中点を結ぶと、平行四辺形による平面充塡のパターンが浮かび上がる。

いくつかの四角形については、非周期的な平面充塡が可能である。それらについては、後の章で詳しく説明することにする。

第2章

正方形の意外な性質

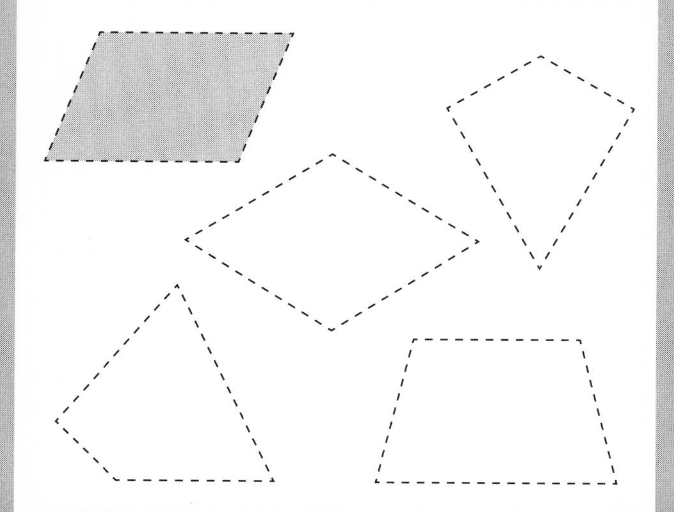

2-1
正方形の正方形分割（ルジンの問題）

正方形の中に隙間なく正方形を埋め込む（充填する）ことを考える。1 辺を n 等分すれば n^2 個の同じ大きさの小正方形にきれいに分割されるが、ただそれだけのことである。次に、2 種類以上の正方形の充填だと、n が 3 以上ならば、図 2-1 のようにすればいろいろなパターンが可能になるが、それも数学的にそれほど興味のある問題ではない。

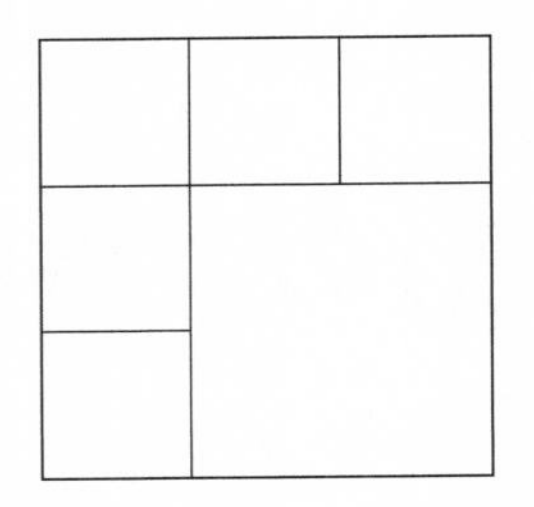

図 2-1 つまらない正方形分割

そこで、全部異なる正方形を隙間なく敷き詰めて最小の正方形をつくることが可能か、という問題をロシアのルジン（Nikolai Luzin 1883–1950）が提唱した。これは 20 世紀の初頭の頃の話で、優れた数学者であった彼自身もこの問題は簡単には解けないと思っていたようである。

実際に多くの人が挑戦を始めたのだが、初めはニアミス的な長方形の正方形分割という結果しか得られなかった。たとえば次のようなものである。

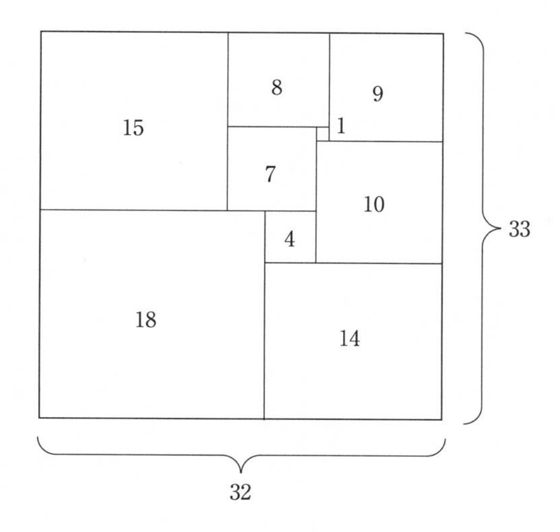

図 2-2　長方形の正方形分割

これは 9 個の異なる大きさの正方形（以後異なる大きさの正方形の数を「位数」と呼ぶ）が 32×33 の長方形をつくっている。これに対して、目標の正方形になるパターンも得られはしたが、1936 年頃の時点でその位数は 39 という大きなものでしかなかった。

この難問の解決に向けて大きな働きをしたのが、1936 年から 1938 年頃のケンブリッジのトリニティ・カレッジの 4 人の学生だった。彼らの中の 3 人は後に有名な数学者になったのだが、その中の一人がカナダのグラフ理論の大家のタット（William T. Tutte 1917–2002）である。

彼らが見出した大きな成果は 2 つあるが、そのうちの 1

つをここに紹介する。

じつはここに至るまでに多くの試行錯誤があるのだが、9 個の正方形 a〜i が図 2-3 のように隙間なく接合して長方形を埋めつくしていると仮定する。

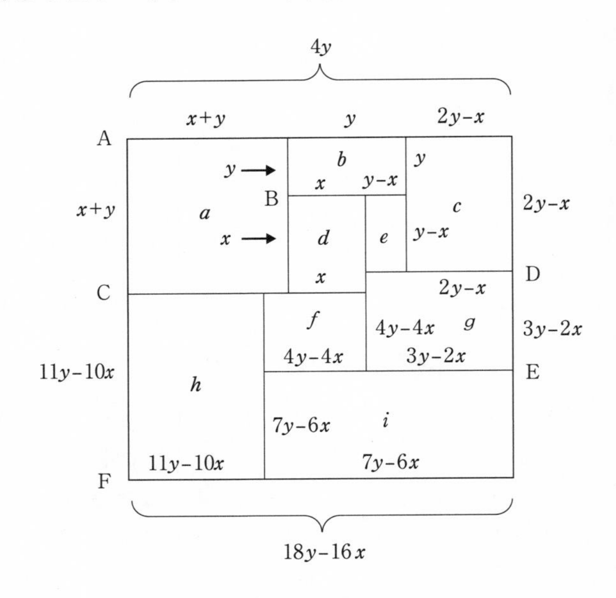

図 2-3　図 2-2 を導く仮定図

そして、d と b の 1 辺の長さをそれぞれ x, y と置く。この値をもとに、残りの各正方形の辺の長さを追い込んでいくと、最上辺 A は $4y$、最下辺 F は $18y-16x$ となる。両者は等しいのだから、$16x=14y$、すなわち $x:y=7:8$ となる。これらの値をそれぞれに割り振ると図 2-2 が得られることになる。図 2-3 以外の配置や、位数が 9 より少ないいろいろな配置を仮定して得られる結果はすべて題意には合わないのである。

タットたちは図 2-2 の配置を図 2-4 のような電気回路に置き換えられることを発見した。これは重要なことなので、少し詳しく説明しよう。

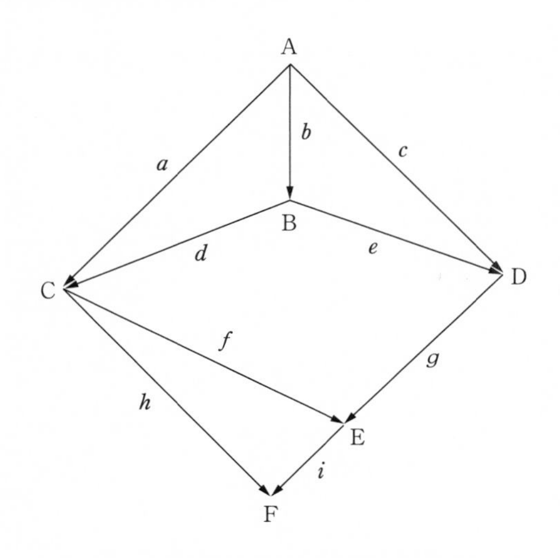

図 2-4　図 2-2 と等価な電気回路

図 2-3 には水平線が 6 本あるが、それぞれの水平線上では電位差がない 1 個の端点として、A から F までの 6 個の端点に置き換えて考える。A と B という 2 つの端点は「正方形」b によって結ばれているので、両者の間に b という電流が流れていると考える。そうすると、A 点は C, B,

D と結ばれて、それぞれに a, b, c という電流が流れることになる。次に B と直接正方形で繋がる点は C と D で、それぞれに電流 d, e が流れる。このようにして図 2-4 が描かれる。

さて、A から流れ出た電流は全部 F に届くのだから

$$\text{A, F}: \quad a+b+c=h+i \tag{2.1}$$

でなければならない。一方 B 点での電流の出入りを考えると

$$\text{B}: \quad b=d+e \tag{2.2}$$

でなければならない。同様に、

$$\text{C}: \quad a+d=f+h \tag{2.3}$$

$$\text{D}: \quad c+e=g \tag{2.4}$$

$$\text{E}: \quad f+g=i \tag{2.5}$$

が成り立つ。

次に △ABC に関しては、

$$\triangle\text{ABC}: \quad a=b+d \tag{2.6}$$

同様に、

$$\triangle\text{ABD}: \quad b+e=c \tag{2.7}$$

$$\triangle\text{CEF}: \quad f+i=h \tag{2.8}$$

$$\square\text{BCED}: d+f=e+g \tag{2.9}$$

という合計 9 つの関係式が、9 個の変数 a~i について成

立する。しかし、この連立方程式には定数項が 1 つもないので、これら 9 個の変数の相対的な値しか得られない。でも、その結果は、

$$a = 15e, \quad b = 8e, \quad c = 9e, \quad d = 7e,$$
$$f = 4e, \quad g = 10e, \quad h = 18e, \quad i = 14e \qquad (2.10)$$

という図 2-2 を正しく与えるものである。つまり、こういう回路の A から F へ電流を流すと、図 2-2 に割り振られた a から i までの値に比例した電流が流れることになる。すなわち、図 2-4 という電気回路に、よく知られたキルヒホッフの法則を当てはめた結果得られる 9 行 9 列の行列式の解が図 2-2 の結果と一致するわけである。実に、幾何学の難問が物理学のある問題と数学的に密接に関連していたのである。

タットらの頑張りはここまでだったが、最終的には 1978 年にドゥイヴェスティジン（Adrianus J. W. Duijvestijn 1927–1998）がコンピュータを使って次のように位数が 21 で 1 辺が 112 の正方形を組み上げた。これが最小の完全正方形である。

ちなみに、

$$2^2 + 4^2 + 6^2 + 7^2 + 8^2 + 9^2 + 11^2 + 15^2 + 16^2$$
$$+ 17^2 + 18^2 + 19^2 + 24^2 + 25^2 + 27^2 + 29^2$$
$$+ 33^2 + 35^2 + 37^2 + 42^2 + 50^2 = 12544 = 112^2$$

なお、図 2-5 に対応する電気回路図は図 2-6 のように

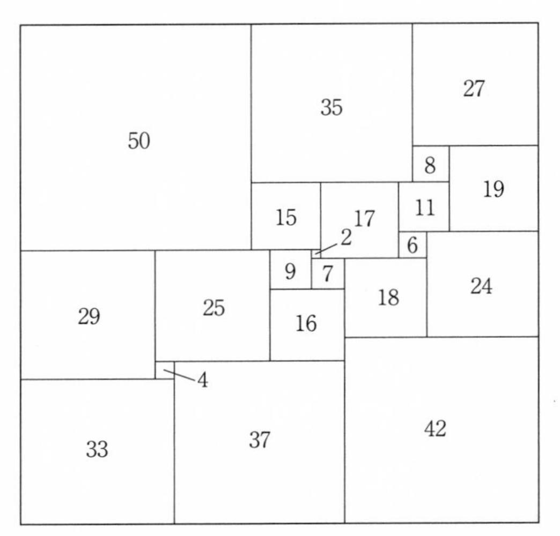

図 2-5 最小の完全正方形分割

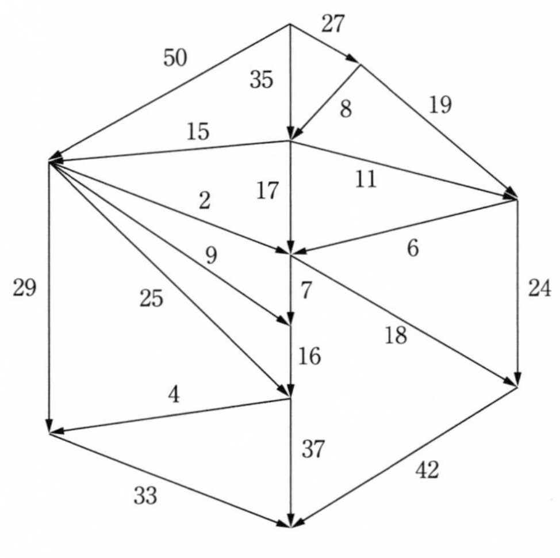

図 2-6 上と等価の電気回路

なる。

これも、11 個の頂点から 10 個の関係式、10 個の三角形からの 10 式、右下の五角形からの 1 式で、合計 21 個の関係式が 21 個の変数に関わる連立方程式をかたちづくり、それを解いて得られた結果が図 2-6 であり、それが図 2-5 という幾何学の答えにもなっているのである。

2-2 正三角形から正方形へ

じつは、ルジンと同時代に活躍した英国の有名なパズル作家のデュードニー（Henry E. Dudeney 1857–1930）も上の正方形の分割問題に絡んでいるのだが、「正方形と正三角形のハトメ返し」という問題のほうが有名だ。

どのような手続きでこのようなことができるかを少し丁寧に説明しよう（図 2-7）。

i) まず正三角形 ABC を描く。都合上 1 辺の長さは 2 とし、AB と BC の中点 D と E をとる。

ii) 中線 AE の延長上に BE = EF なる点 F をとり、AF の中点を G とする。

iii) 辺 CB の延長上に、GF = GH なる点 H をとる。この $\mathrm{EH} = 3^{\frac{1}{4}} = s$ が求める正方形の 1 辺となる。EH がこういう値になることは、読者への演習問題としておこう。

iv) 点 E を中心に半径 s の円弧を描き、AC との交点を J とし、AC 上に JK = 1 なる点 K をとる。

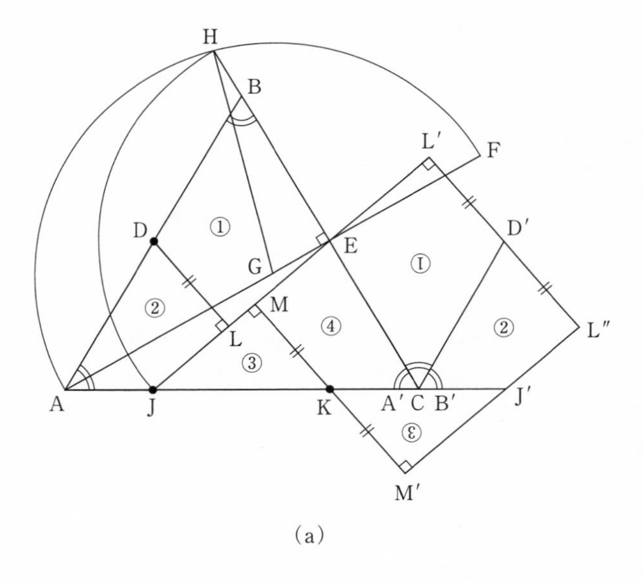

図 2-7 デュードニーのハトメ返し

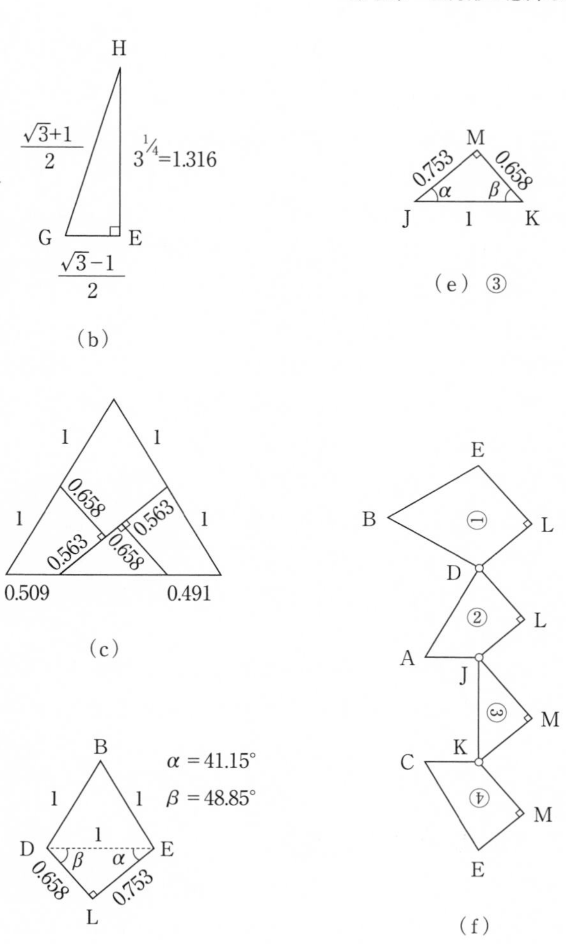
H
√3+1 / 2
3^(1/4)=1.316
G
E
√3−1 / 2
(b)
M
0.753
0.658
α
β
J
1
K
(e) ③
1
1
1
1
0.658
0.563
0.563
0.658
0.509
0.491
(c)
E
B
①
L
D
②
L
A
J
③
M
K
C
④
M
E
(f)
B
α = 41.15°
β = 48.85°
1
1
1
D
β
α
E
0.658
0.753
L
(d) ①

図 2-7　その詳細図

v) 点 D と K から JE 上に垂線 DL と KM を引く。証明は厄介なのだが、DL = KM = $\frac{s}{2}$ になっている。これで三角形 ABC は 4 つのパーツ ① ② ③ ④ に分かれた。

vi) 線分 ME と MK を延長して、長さが s の線分 ML′ と MM′ を引き、正方形 ML′L″M′ を描く。L′L″ の中点を D′ とする。JK を延長して、L″M′ との交点を J′ とする。KJ′ = 1 となっている。CE と CD′ を結ぶ。これで四角形 ML′L″M′ が 4 つに分割されたが、それらはすべて三角形 ABC の 4 つのパーツ ① ② ③ ④ からなっていることがわかる。

以上の操作で重要な役を果たしている部分を (b)〜(e) に描き抜いてあるので参考にしてほしい。また、4 つのパーツを切り分けて点 D, E, J, K にヒンジを付けると (f) のようにつながり、三角形と四角形の間の変換がメカニカルに行える。

まだコンピュータのなかった時代に、デュードニーは巧みな解析によってこの解を得たのだ。脱帽である。

2-3 正方形の中の正三角形

正三角形の 1 辺を元の正方形の 1 辺にもつようにするには図 2-8 のようにすればよい。一方、正方形からできるだけ大きな正三角形を切り出すには、図 2-9 のようにすればよい。

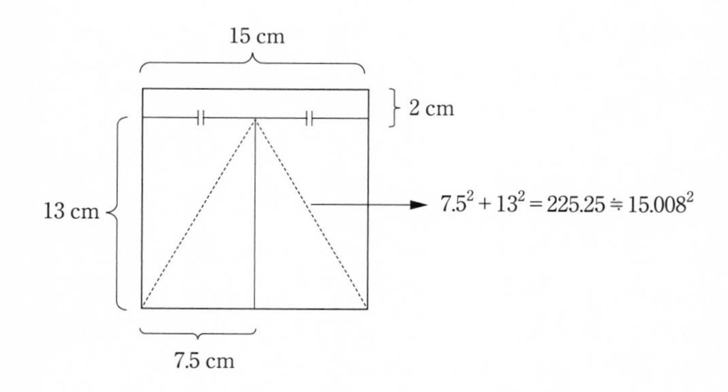

図 2-8　市販の折り紙と同じ辺長の正三角形を切り出す

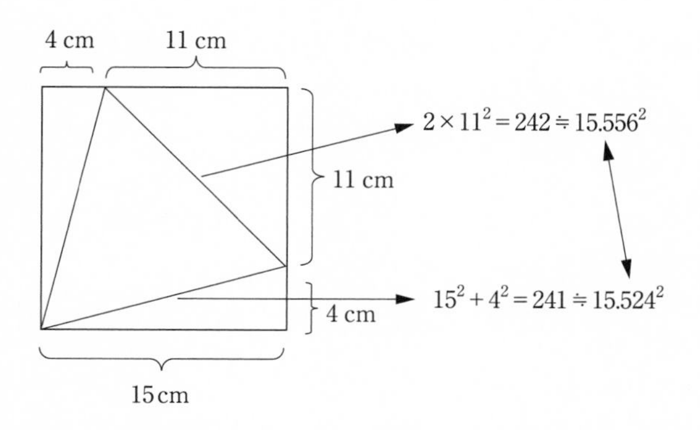

図 2-9　市販の折り紙から面積最大の正三角形を切り出す

ここに書かれてある数字は市販の折り紙から切り出すときの値である。まず図 2-9 のほうだが、1 辺が 15 cm の正方形の端を 2 cm だけ切り落として、残りを 2 等分するだけで極めて正確な $\sqrt{3}:1$ の長方形が描ける。つまり、$\dfrac{13}{7.5}=1.7333$ となり、$\sqrt{3}=1.73205$ に対して 3 桁の精度もあるのである。もし、手元に物差しがなければ、1 円のアルミ貨の直径は正確に 2 cm だから、それを利用すればよい。次に図 2-8 のほうだが、これも図にあるようにほとんど 3 桁の精度がある。これらはだいぶ前に著者が見つけた便利な方法である。せいぜい利用してほしい。

2-4 1 点を共有する 2 つの正方形の不思議な性質

図 2-10 のように、右回りと左回りの任意の大きさの 2 つの正方形 ABCD（右回り）と A′B′C′D′（左回り）の D と D′ を重ねる。∠ADA′ も任意である。

このとき、

(i) 頂点 A と A′、及び C と C′ を結んでできる 2 つの三角形の面積は等しい。すなわち、

$$S(\triangle \mathrm{ADA'}) = S(\triangle \mathrm{CDC'}) \qquad (2.11)$$

(証明) A′ から AD へ、C′ から CD へ、それぞれ垂線 A′E と C′F を下ろす。今の場合、E は AD の延長上にあるが、一般には、E または F の一方、あるいは両方が □ABCD の外側にくる。いずれにしても、△A′ED と △C′FD は合

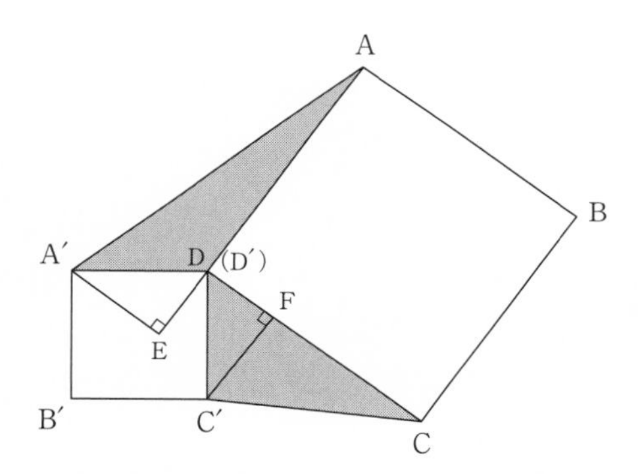

図 2-10　1点を共有する2つの正方形の (i)

同な直角三角形になる。そこで、$A'E = C'F$。つまり、AD及びCDを底辺とする2つの$\triangle ADA'$と$\triangle CDC'$の高さが等しくなるので、(2.11) が証明された。

(ii) 2本の線分 AC' と $A'C$ は等長でかつ直交する（図2-11）。

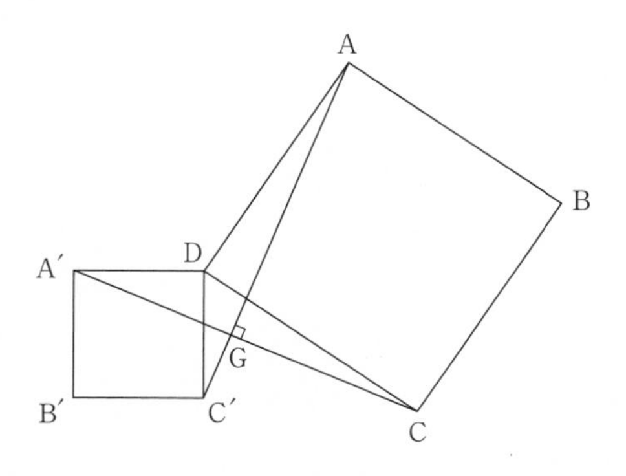

図 2-11　(ii) とその証明

すなわち、

$$AC' = A'C \tag{2.12}$$

かつ

$$AC' \perp A'C \tag{2.13}$$

（証明）$AD = CD$, $DC' = DA'$, $\angle ADC' = \angle CDA'$ なので、$\triangle ADC'$ と $\triangle CDA'$ は合同で、前者を D の周りに 90° 回転させると後者に重なる。ゆえに、(2.12) と (2.13) が証明された。

(iii) 図 2-12 の AA' と CC' の各中点を M と N、2 つの正方形の重心を O と O' とすると □$OMO'N$ は正方形となる。

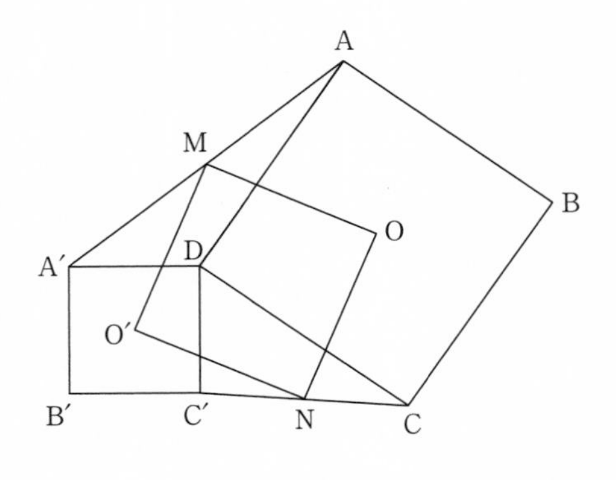

図 2-12 (iii)

（証明）図 2-13 のように 4 本の線分 AC、$A'C'$、AC'、$A'C$ を描き加える。

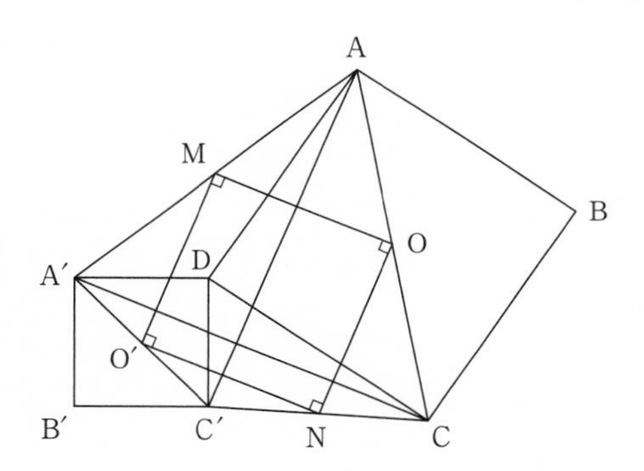

図 2-13 (iii) の証明

$\triangle AA'C$ に関して、MO は $A'C$ に平行、かつ $MO = A'C/2$。$\triangle AA'C'$ に関して、MO' は AC' に平行、かつ $MO' = AC'/2$。(2.12) と (2.13) より $MO = MO'$、かつ $MO \perp MO'$。まったく同様にして、$NO = NO'$、かつ $NO \perp NO'$。ゆえに □$OMO'N$ は正方形。

このように 1 点を共有する 2 つの正方形には興味深い図形的な関係がたくさんある。最終的に「任意の四角形のヴァン・オーベルの定理」に行き着くのである。

2-5 四角形に外接する 4 つの正方形

任意の四角形がもつ共通の性質の話の最後に、19 世紀のオランダの数学者ヴァン・オーベル（Henricus H. van Aubel 1830–1906）の定理を紹介しよう。それは、

［任意の四角形の 4 辺に外接する正方形の、互いに向かい合う正方形の中心を結んだ 2 本の線分は等長、かつ直交する。］

すなわち、

$$O_kO_m = O_lO_n \tag{2.14}$$

$$O_kO_m \perp O_lO_n \tag{2.15}$$

というので、図 2-14 を見てほしい。

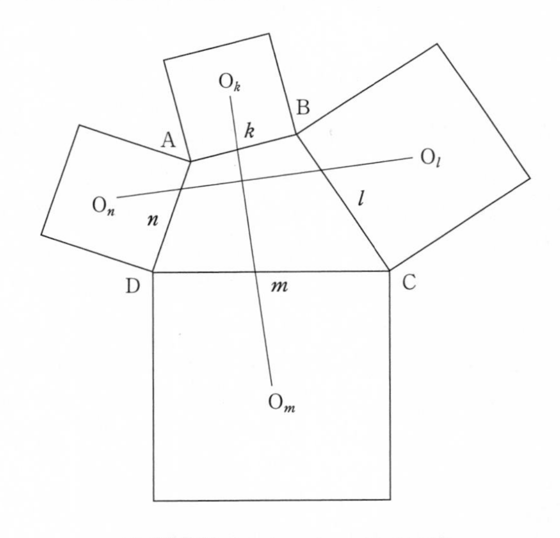

図 2-14　ヴァン・オーベルの定理

この美しい定理を初等幾何学的に証明するのは長々と煩わしいのだが、複素平面上でベクトルを使うとかなり簡潔に証明される。しかし、そのためには予備知識が必要なので、わからない人は飛ばして先へ進んでも結構である。

まず、□ABCD と各辺の中点から外に、各辺の半分の長さの垂線を突き出す。それらの垂線の先端を P, Q, R, S とする。これらは、各辺の上に乗る正方形の中心である。頂点 A を原点とし、ベクトル AB, BC, CD, DA を、それぞれ複素数 $2a$, $2b$, $2c$, $2d$ に対応させる。次に、ベクトル AP, AQ, AR, AS を、それぞれ複素数 p, q, r, s に対応させる。

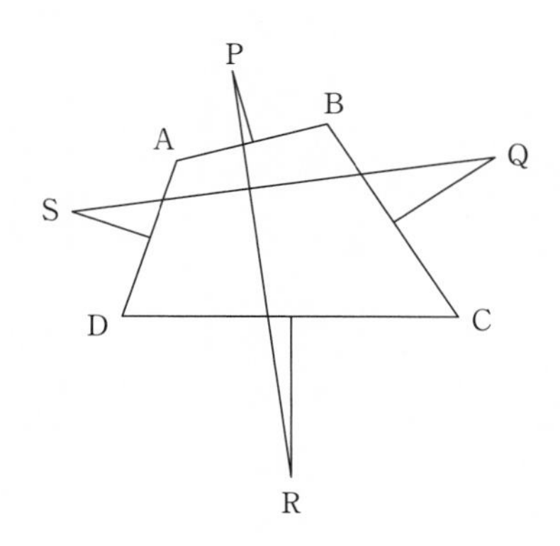

図 2-15　その証明

□ABCD は閉じているから、4 辺のベクトルの和は 0 になる。すなわち

$$2a + 2b + 2c + 2d = 0, \quad \text{ゆえに} \quad a + b + c + d = 0 \tag{2.16}$$

点 P は、A から B に向かって半分進み、反時計回りに 90°

向きを変えてさらに半分進んだ点だから、虚数単位 i を使って

$$p = a + ia = (1 + i)a \tag{2.17}$$

となる。同様に、

$$q = 2a + (1 + i)b \tag{2.18}$$

$$r = 2a + 2b + (1 + i)c \tag{2.19}$$

$$s = 2a + 2b + 2c + (1 + i)d \tag{2.20}$$

このとき、点 Q から S に向かうベクトル $T = s - q$ は

$$T = s - q = (b + 2c + d) + i(d - b) \tag{2.21}$$

同様に、点 P から R に向かうベクトル $U = r - p$ は

$$U = r - p = (a + 2b + c) + i(c - a) \tag{2.22}$$

T と U の長さが等しく、かつ互いに直交しているということは

$$U = iT \tag{2.23}$$

と書ける。両辺に i を掛けて変形すると、

$$T + iU = 0 \tag{2.24}$$

となる。(2.21) と (2.22) をこれに代入すると、

$$\begin{aligned} T + iU &= (b + 2c + d) + i(d - b) + i(a + 2b + c) - (c - a) \\ &= (a + b + c + d) + i(a + b + c + d) = 0 \end{aligned} \tag{2.25}$$

が得られて証明終わり。

じつは前節の定理を積み上げていくと、このヴァン・オーベルの定理を初等数学的に証明することができるのだが、煩わしいので省略する。それよりも、複素平面の考えがいかにスマートで強力かを実感してほしいのである。

2-6
n 次元の立方体

正方形のことを 2 次元の立方体（2-cube）ということがある。これは、3 次元を超えた高次元のことを数学的に論ずる際に出てきた言葉なので少し説明しよう（図 2-16）。

i) 点、線分、正方形、立方体は超立方体（hypercube、以下 HC と略称）という大家族の仲間である。

ii) まず「点（point または vertex）」は 0 次元の HC で、0-cube ともいう。

iii) この点を単位長だけ一方向に直線移動すると線分（line segment）ができる。これが 1 次元の HC で、1-cube ともいう。

iv) この線分をこの長さだけ垂直方向に平行移動すると正方形（square）ができる。これが 2 次元の HC で、2-cube ともいう。

v) この正方形を平面に対して単位長だけ垂直移動すると立方体（cube）ができる。これが 3 次元の HC で、あえて 3-cube と呼ぼう。

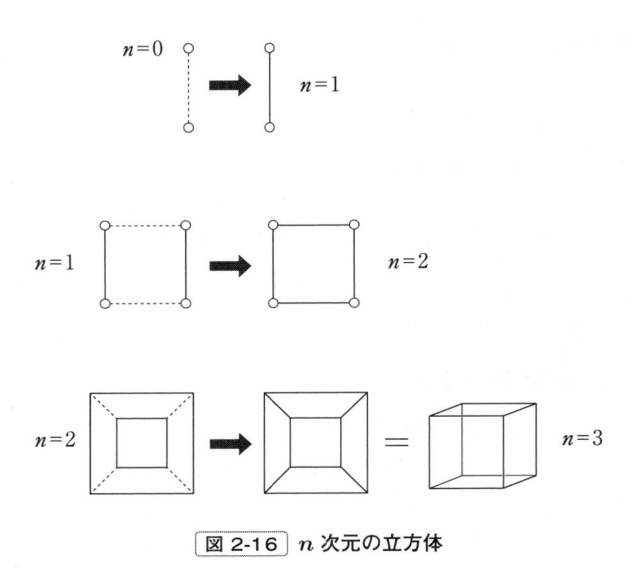

図 2-16 n 次元の立方体

vi) 次に、この立方体を 4 次元の方向に単位長だけ移動すると 4 次元の立方体 (4-cube) ができる。大きな立方体の中に小さな立方体が入れ子のようになっているが、4 次元の世界では同等の同じ大きさのものである。

この 4-cube の頂点の数は立方体の 2 倍の 16 である。辺の数は、立方体 2 個分と移動に使った立方体の頂点の数の 8 を足した $2 \times 12 + 8 = 32$ である。面の数は、元の立方体がもっていた 6 の 2 倍と 2 つの立方体をつなぐ 12 本の辺の数 12 を足した $2 \times 6 + 12 = 24$ である。

4-cube の 16 個の点の間の関係を図 2-17 に示した。2 個の白丸同士の間の距離は最長の 4 歩である。

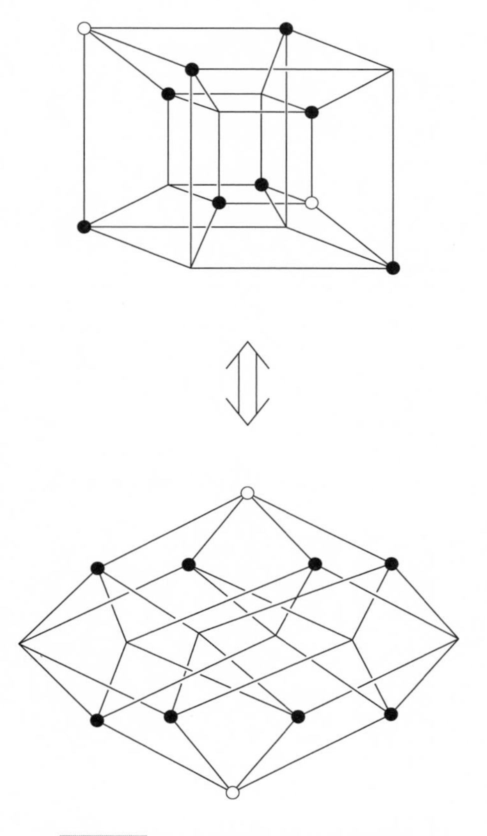

図 2-17　4-cube の 16 点の間の関係

表 2-1 は、これらの 5 種類の n-cube の点、辺、面、胞（立体）の数をまとめたものである。辺、面、胞の数は、1 行上の数を 2 倍してその左隣の数を足すことによって得られることに注意しよう。

n ＼ m	0	1	2	3	4
次元	頂点	辺	面	胞	*
0	1	0	0	0	
1	2	1	0	0	
2	4	4	1	0	
3	8	12	6	1	
4	16	32	24	8	1

*：4 次元図形の数。

表 2-1 n-cube の幾何学的構成要素の数

4 次元の立方体が我々の現実世界とどのような関係にあるかという疑問は当然出てくるだろうが、正方形が数学的に奥深いものだということを少しでも感じてほしいので、あえて詳しく説明した。パリのシャンゼリゼ通りの起点になっている凱旋門（がいせんもん）が 4-cube だと唱える人もいるようである。

2-7 螺旋正方形

単位長さの正方形 ABCD を考える。その 4 頂点が辺上

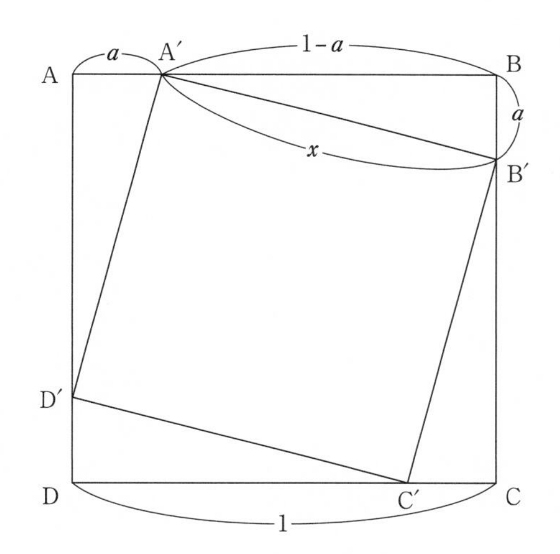

図 2-18　螺旋正方形の準備

を時計回りに長さ a（たとえば 0.2 ほど）だけ移動すると、元の正方形に内接する少し小さな正方形 A′B′C′D′ ができる。

その辺長 x は

$$x = \sqrt{a^2 + (1-a)^2} = \sqrt{2a^2 - 2a + 1} \qquad (2.26)$$

となる。小さくなった正方形 A′B′C′D′ の 4 頂点から同じように、その正方形の辺上を時計回りに ax だけ移動してさらに小さな正方形 A″B″C″D″ ができる。同じような作業を何回か続けると、図 2-19 のような正方形のつくる渦巻き模様が描かれる。

この操作を無限回続けていくと、AA′A″ $\cdots$ 等の 4 本の

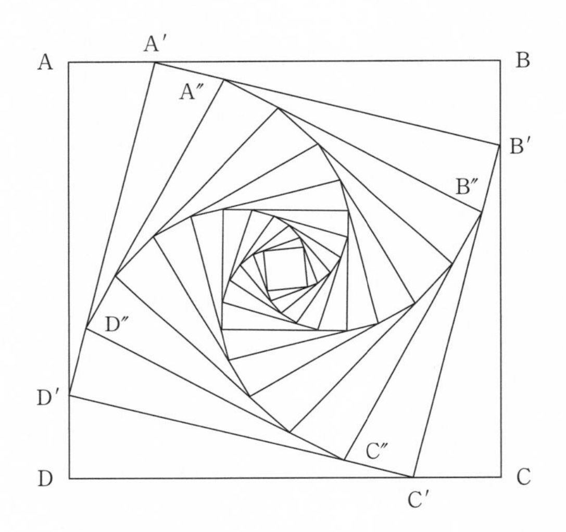

図 2-19 螺旋正方形

渦巻きは正方形の中心でぶつかる。その 1 本の渦の長さ L は

$$L = a + ax + ax^2 + \cdots = a\sum_{n=0}^{\infty} x^n$$

$$= \frac{a}{1-x} = \frac{a}{1-\sqrt{2a^2-2a+1}} = \frac{1+\sqrt{2a^2-2a+1}}{2(1-a)} \tag{2.27}$$

となる。そこで、この a の値を無限に 0 に近づけると $L = 1$ となる。すなわち、このような「螺旋正方形」の 1 本の渦の長さは元の正方形の 1 辺の長さに等しいということ

とである。

パズルの世界では、このことを次のような話にすり替えている。すなわち、正方形の各頂点上に４匹の蜘蛛（くも）を置く。それらは時計回りに同じ速度で動くが、絶えず右側と後方の蜘蛛とも同じ間隔をとるように動くとすると、彼らの相対的な動きはどうなるか、また、その移動距離と時間の関係はどうなるか、という謎になるのである。答えは、お互いに渦巻き運動をするが、元の正方形の１辺の長さを進むのと同じ距離だけ進み、それと同じ時間後に正方形の中心で衝突するというのである。

このたとえ話の評価は別としても、数学的になかなか面白い問題である。

2-8 珍しい正方形の分子

多くの化学者が平面で正方形の分子の合成に挑戦しているのだが、分子式としては正方形に見えても、実際に平面構造のものはなかなかできないのが実情である。結論として、平面で正方形の分子は次の３つくらいしか知られていない。すなわち、四フッ化キセノン XeF_4、ポルフィリン $C_{20}N_4H_{14}$、及び四塩化白金酸イオン $PtCl_4{}^{2-}$ とその類似イオン群である。

XeF_4 は図 2-20 (a) の通りの文句なしの正方形分子である。原子価が０として知られている貴ガスに属するキセノンがなぜ原子価１のフッ素原子と、しかも４原子と結合す

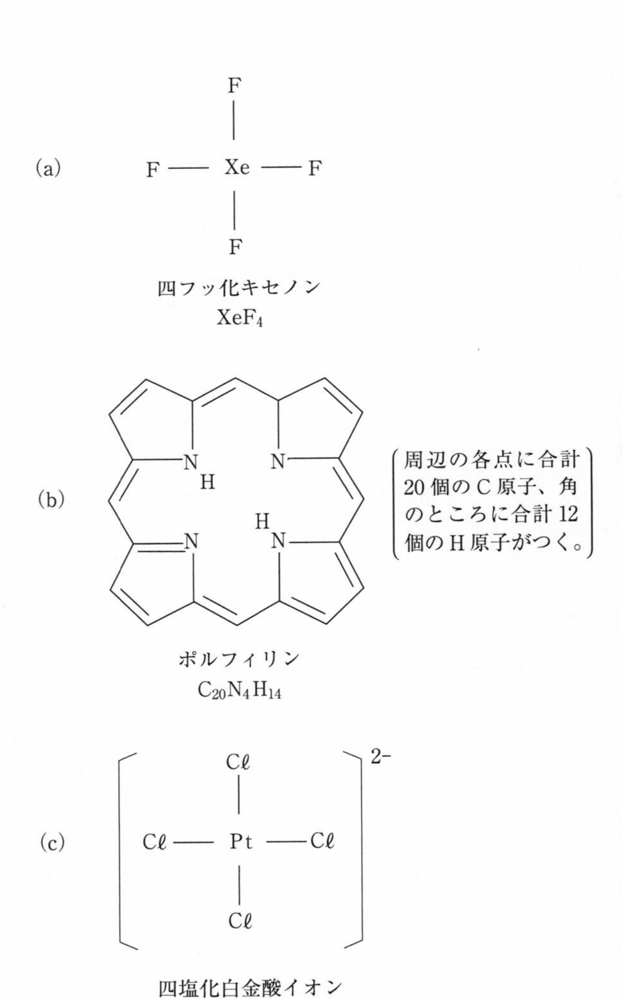

図 2-20 正方形の分子やイオン

るのか、という問題は量子化学の理論できちんと説明できるのだが、本書の水準を超える問題なのでここでは結論だけで勘弁してほしい。

ポルフィリンというのは、クロロフィルやビタミンB_{12}等の大事な生体関連物質の前駆体であると共に、人工色素や触媒等の中核物質として広く知られているかなり大きな$C_{20}N_4H_{14}$という分子だが、その輪郭は正方形になっている。分子の中央の空いたところにマグネシウムMgという金属元素のイオンが入り込むとクロロフィル（葉緑素）の中核部分ができ上がるし、Mgの代わりに鉄Feのイオンが入ると血液の中の重要物質ヘモグロビンの中核部分ができ上がるのである。

一方$PtCl_4{}^{2-}$のほうは、白金Ptの他に、ロジウムRh、イリジウムIr、パラジウムPd、金Au等の貴金属元素と、塩素Clの他に、臭素Br等との組み合わせがいろいろあるのだが、単離されて正方形の構造が確認されたものはあまりないようである。

それよりも不思議なのは、図2-21にあるような正三角形、正五角形、正六角形、正七角形の「不飽和共役炭化水素」の一群が理論的にも、実験的にも確認されているのに、図2-22のような正方形の分子は安定して存在し得ないということが、量子化学の理論によって示されている、ということである。

残念ながら、ここでその詳しいことは紹介できないのだが、結論としては$4n$員環の分子、すなわち、正方形のC_4H_4だけでなく、正八角形のC_8H_8も存在し得ないとい

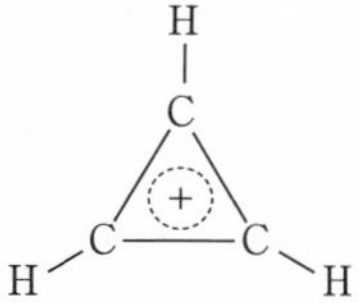

$C_3H_3^+$

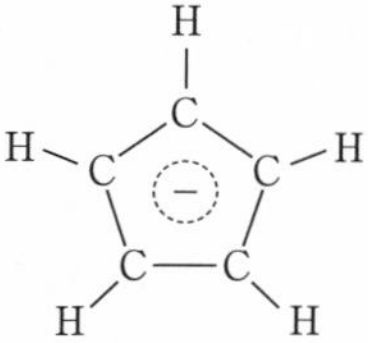

$C_5H_5^-$

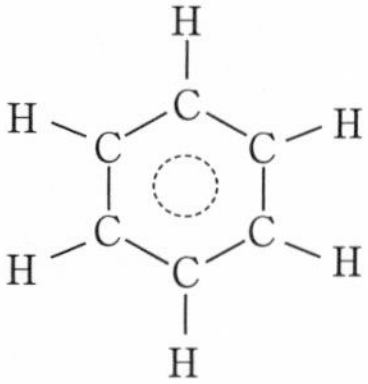

C_6H_6

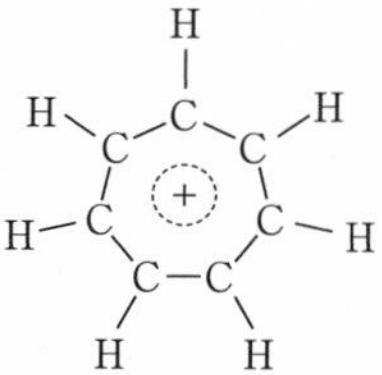

$C_7H_7^+$

図 2-21 安定な不飽和共役炭化水素分子とイオン

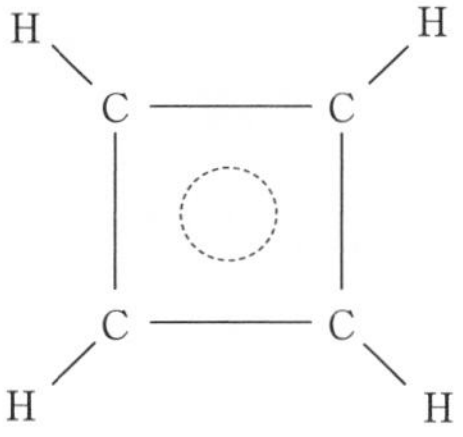

シクロブタジエン
C_4H_4

図 2-22　存在しない正方形の分子

うことである。読者には、化学に不飽和共役炭化水素の「芳香族性」という大きな問題があるということを知っていてもらいたい。

一方、3 次元の正方形、すなわち立方体の分子としては、キュバン C_8H_8 という飽和炭化水素が 1964 年に米国の化学者によって狙い通りに合成された。あまり安定ではないという予想だったが、いったん生成するとかなり安定な結晶にもなるということがわかった。そもそも、このキュバン（cubane）というのは「立方体の炭化水素」という意味で、多くの有機化学者のターゲットとなっていたのである。

これは単独の分子だが、よく知られているように、食塩 NaCl の結晶は Na^+ と Cl^- という正負のイオンが交互に並んだきちんとした立方格子からできている。この他にも、アルカリハライドという一群の結晶もこの立方格子構造をとっている。

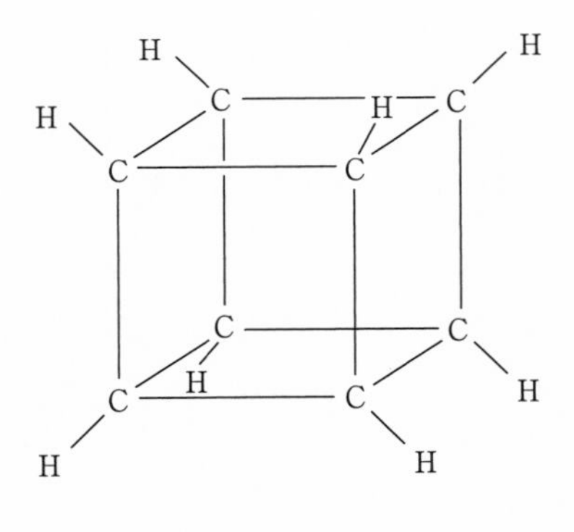

キュバン
C_8H_8

図 2-23 安定な立方体の分子

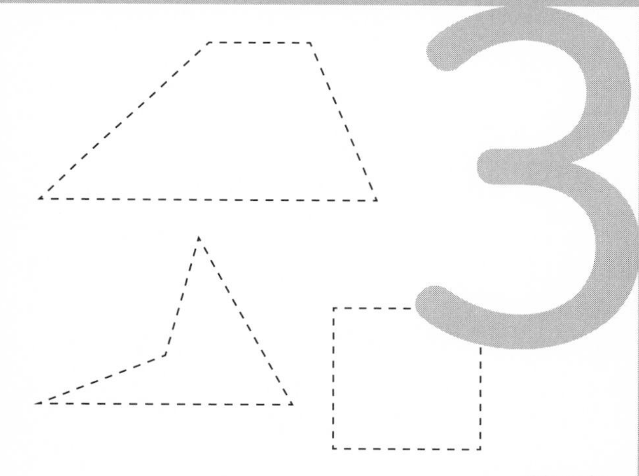

第3章

いろいろな長方形

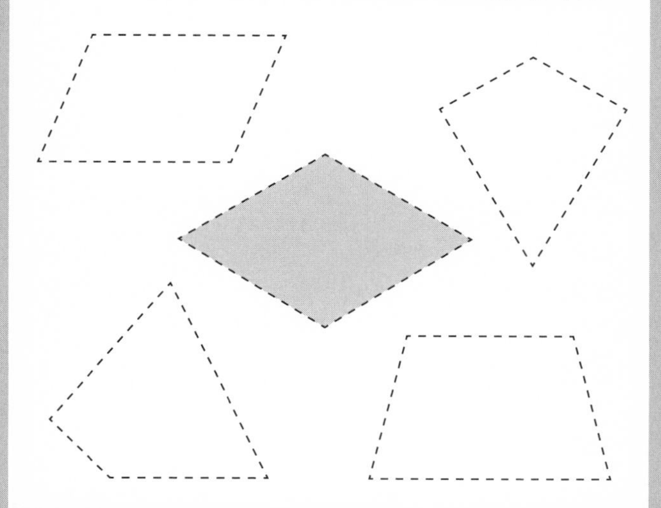

3-1 長方形の比の表し方

この章ではいろいろな長方形が出てくるので、その縦横比(じゅうおうひ)についてきちんと説明しておこう。従来日本語では、「割合」とか「比」とか「比の値」についての一般的な認識が曖昧であった。それを、芳沢光雄が『「%」が分からない大学生——日本の数学教育の致命的欠陥』という本に書き大きな社会問題を巻き起こした。

そもそも、$a:b$ という比の値は

$$a:b=\frac{a}{b} \tag{3.1}$$

と定義されている。具体的には、$1:3=\frac{1}{3}$ である。つまり1対3という比の値は $\frac{1}{3}$ であって、$\frac{3}{1}$ ではない。これを英語では、"One to three is one over three." と言う。分数でなく、小数で表したければ、「/」を「÷」にして計算すれば $0.333\cdots$ が出る。そして、「:」と「/」の素直な対応があるので、1対3が $\frac{1}{3}$ か $\frac{3}{1}$ のどちらかで悩むことは決してないのである。この「3分の1」という日本語の表現が、小学生の頭の中を混乱させてしまい、大学生、いや大人になっても正しい理解が得られないのである。小学生の英語の学習の中にぜひ "One to three is one over three." というフレーズのおまじないを入れたい、というのが著者の大きな望みである。

話を本題に戻そう。長方形の縦横比を英語では aspect ratio（アスペクト比）といい、

$$A = 長辺 : 短辺 = 長辺/短辺 \qquad （アスペクト比）\tag{3.2}$$

と定義されている。つまり「長辺と短辺の比の値をアスペクト比と呼ぶ」のである。その点で縦横比という言葉は、縦と横の定義が不明確で混乱を招くので、本書では使わない。

いろいろなアスペクト比 A の長方形の中で、本章では、$A = 2$ と 1.618 と 1.414 のものについて詳しく説明する。

3-2 畳の敷き方の数と domino tiling

日本間には $A = 2$ の長方形の畳が隙間なく敷き詰められている。4 畳半、6 畳、8 畳等が標準的な大きさであるが、図 3-1 (a) のような、1, 2, 3, 4, … 畳という大きさの「うなぎの寝床」のような部屋を考えて、それぞれの畳の敷き方の数 K_n を数えてみよう。ここで n は、このうなぎの寝床の畳の枚数である。

これより大きな部屋についての数は、延々と

$$K_n = 1, 2, 3, 5, 8, 13, 21, 34, 55, 89, 144, 233, \quad \cdots \tag{3.3}$$

のように続きそうである。これは有名なフィボナッチ数そのものではないか。後の話に繋がるのでだいぶ先のほうまで書いた。6 と 7 がまだ出てこない、と心配することはな

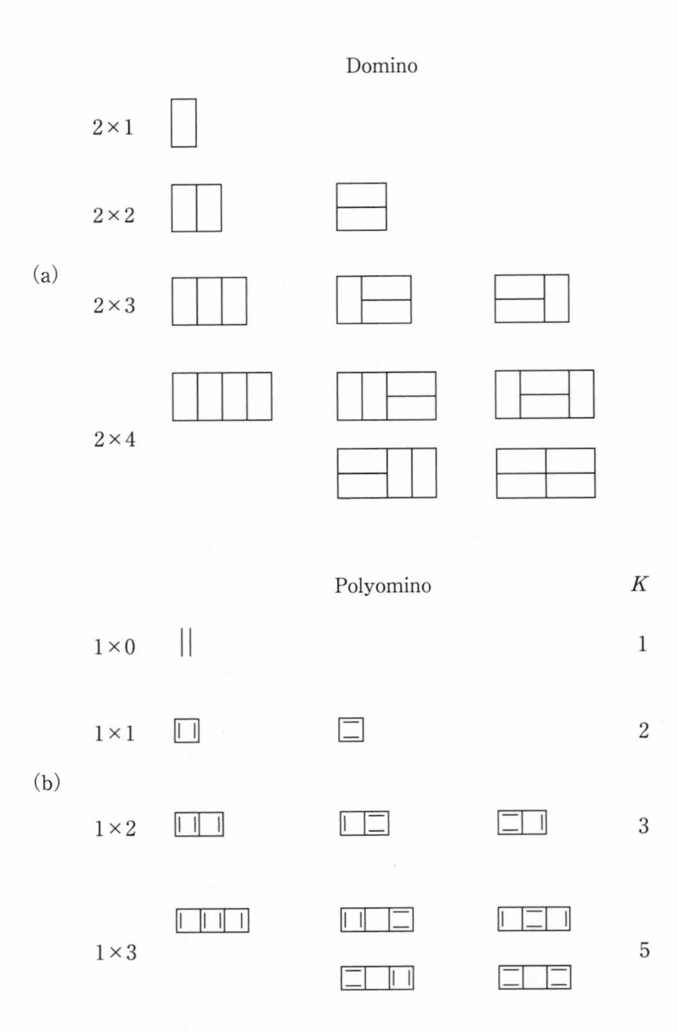

図 3-1 (a)「うなぎの寝床」の畳の敷き方（ドミノ・タイリング）、(b) 1 列ポリオミノのグラフの完全マッチング

い。このすぐ後に出てくるから。

それよりも大事なことは、この数列には

$$K_n = K_{n-1} + K_{n-2} \tag{3.4}$$

という漸化式が成り立つということである。

まず K_4 のパターンの上の段は、左端に１畳を縦に置いたときの残りの３畳分が K_3 のパターンそのもので、下の段は、左端に横に２畳を置いた残りの２畳分が K_2 のパターンになっていることがわかる。したがって $K_4 = K_3 + K_2$ が成り立つ。このようにして、一般的にも (3.4) の成り立つことが納得できるであろう。

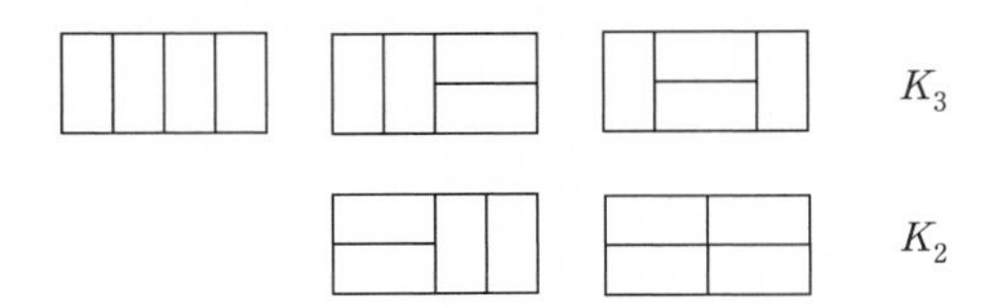

図 3-2　K_4 のパターンの内訳

この (3.4) がフィボナッチ数の大事な性質なのである。

数理物理の世界では、これは $2 \times n$ の長方形を n 個のドミノで埋め尽くす domino tiling（ドミノ・タイリング）の方法の数を求めるいちばん簡単な例である。一方、数学のグラフ理論の世界では、図 3-1 (b) のような正方形を１列につなげたポリオミノ・グラフの完全マッチング数を求めるいちばん簡単な例になっている。

domino というのは、サイコロを２個つなげてできる

1×2 の長方形の牌を使った西洋に古くからあるゲームであるが、数学者がそれを、omino が 2 個で domino ができたと勝手にこじつけて、正方形を何個かつなげてできる図形のことを polyomino と呼んでいるのである。そういう図形（graph）を、点の個数の半分の 2 本線（化学の構造式の二重結合に当たる）がどれも隣り合わないように埋め尽くすことが「完全マッチング」で、それを図 3-1 (b) のように数えることがグラフ理論の分野では問題になっているのである。

ここで 6 畳間の部屋の畳の敷き方の数を考えよう。これは、3×4 の正方格子上に格子点の数の半分の 6 個のドミノを敷き詰める（tiling する）方法の数を求める問題である。これには、1961 年に 2 組の数理物理学者たちが同時に求めた公式が使える。

$$K(2m \times 2n) = 2^{2mn} \prod_{k=1}^{m} \prod_{l=1}^{n} \left(\cos^2 \frac{k\pi}{2m+1} + \cos^2 \frac{l\pi}{2n+1} \right) \tag{3.5}$$

$$K(2m-1 \times 2n) = 2^{2mn} \prod_{k=1}^{m} \prod_{l=1}^{n} \left(\cos^2 \frac{k\pi}{2m} + \cos^2 \frac{l\pi}{2n+1} \right) \tag{3.6}$$

6 畳間の場合は、(3.6) に $m = 2, n = 2$ を入れればよい。そして

$$
\begin{aligned}
K(3\times 4) &= 2^8\left(\cos^2\frac{\pi}{4}+\cos^2\frac{\pi}{5}\right)\left(\cos^2\frac{\pi}{4}+\cos^2\frac{2\pi}{5}\right)\\
&\quad\left(\cos^2\frac{2\pi}{4}+\cos^2\frac{\pi}{5}\right)\left(\cos^2\frac{2\pi}{4}+\cos^2\frac{2\pi}{5}\right)\\
&= 2^8\left(\frac{1}{2}+\frac{3+\sqrt{5}}{8}\right)\left(\frac{1}{2}+\frac{3-\sqrt{5}}{8}\right)\\
&\quad\times\frac{3+\sqrt{5}}{8}\times\frac{3-\sqrt{5}}{8}\\
&= 4\times\frac{7+\sqrt{5}}{8}\times\frac{7-\sqrt{5}}{8}\times(9-5)\\
&=11
\end{aligned}
$$

のように厄介な計算の結果 11 という答えが得られる。ただしここで、

$$
\cos\frac{\pi}{4}=\frac{1}{\sqrt{2}},\quad \cos\frac{2\pi}{4}=0,
$$

$$
\cos\frac{\pi}{5}=\frac{\sqrt{5}+1}{4},\quad \cos\frac{2\pi}{5}=\frac{\sqrt{5}-1}{4}
$$

を使った。

8 畳間については、(3.5) に $m=2, n=2$ を入れると、$K(4\times 4)=36$ が得られる。このように途中に面倒な計算が入るが、この 2 式は数理物理の世界で大事な役割を果たしているのである。6 畳間の畳の敷き方のパターンとしては図 3-3 のような 5 種類なのだが、上下・左右に対称なものも全部含めた数が上の計算で得られた 11 である。

それでは、長方形には収まらないが、6 畳間に畳 1 枚分

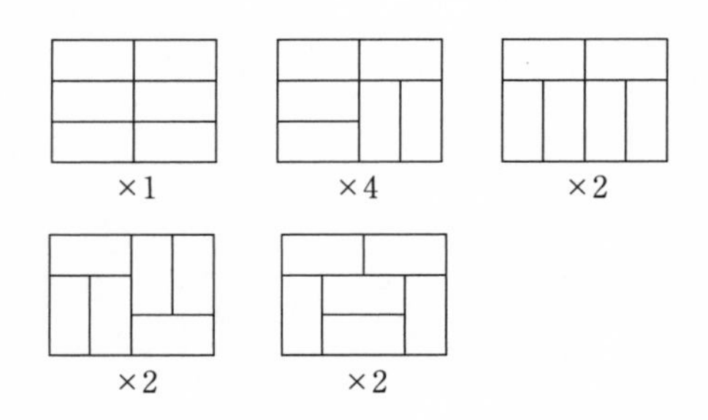

図 3-3 6畳間の畳の敷き方

を継ぎ足した7畳間ではどうなるだろうか。図3-4を見てほしい。その (a)〜(d) の正方格子は「二分グラフ」で完全マッチングが可能だが (e) だけは「非二分グラフ」なので完全マッチングができないのである。

正方格子に限らず、点と線の集合であるグラフの中で、構成するすべての点を「星組」と「非星組」に二分できるグラフを「二分グラフ（bipartite graph）」という。ただし、同じ組の点同士は隣り合うことができない。隣り合う2点を結ぶ二重結合、あるいはマッチングは必ず異なる組同士で作られ、1枚の畳となる。

ところが、(e) の場合だけ星組（$*$）と非星組（$\circ$）の数が合わないので、「非二分グラフ」となり、完全マッチングが不可能、すなわち畳を敷き詰めることができないのである。この問題は化学における、ブタジエンやベンゼン等の「不飽和共役炭化水素」の「ケクレ構造式」に関わって数学的にも面白い問題となっているのだが、ここでは本題から

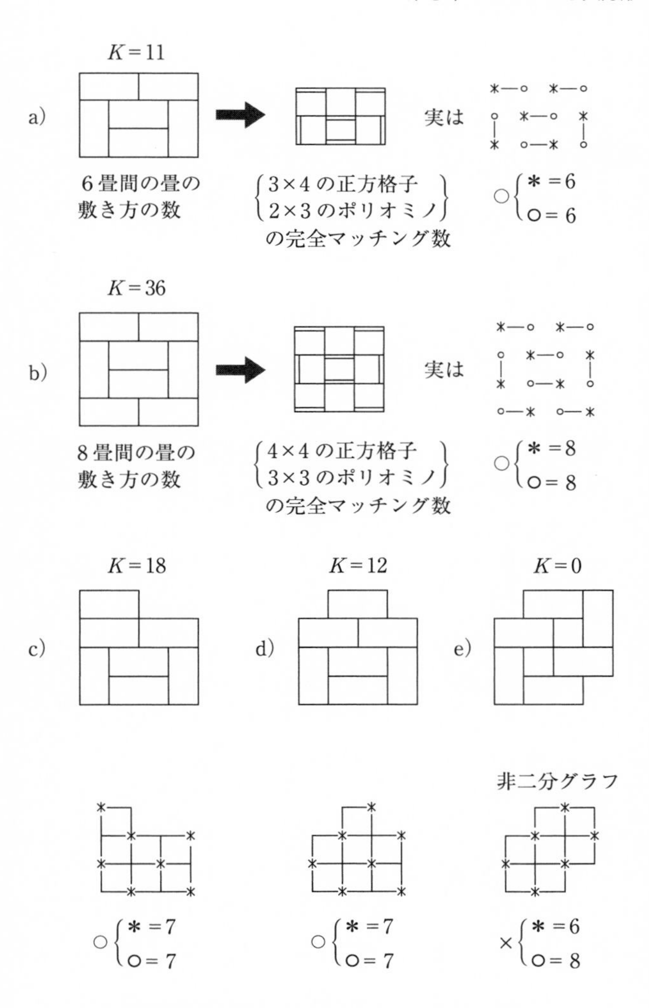

図 3-4　畳の敷き方と完全マッチングの関係

それてしまうので、これ以上は言及せず本題に戻ろう。

ここで、8 畳間より一まわり大きな 18 畳間、さらにもう一まわり大きな 32 畳間、というように正方形の $2n^2$ 畳間という系列を考えてみよう。これらの部屋の畳の敷き方の数 K_n を (3.5) で計算すると、

畳	2	8	18	32	50
K_n	2	36	6728	1298816	258584046368
	2	6^2	2×58^2	3604^2	2×359572^2

表 3-1

のように、その数は爆発的に増加する。たまたま、これらの数は平方数かその 2 倍になっている。さらにいたずらを続けると、$n = 12$、すなわち図 3-5 のようなたった 288 畳間の畳の敷き方の数は何と 10 無量大数（10 の 69 乗）を超えてしまうことになる。数学では、このような現象を「組合わせ論的爆発」と呼んでいる。

次の 2 つの例は、正方形絡みの格子の完全マッチング数を示したものであるが、不思議なことにいずれの数もべき乗で、しかも漸化式やきれいな一般式で表すことができる。

話を現実的なことに引き戻そう。日本の神社仏閣などでは、季節や行事の違いによって、同じ部屋でも図 3-8 のように畳の敷き方を変える風習が伝わっている。1 点に 4 枚の畳が集まることに何らかの吉凶の意味付けをしているのであろう。

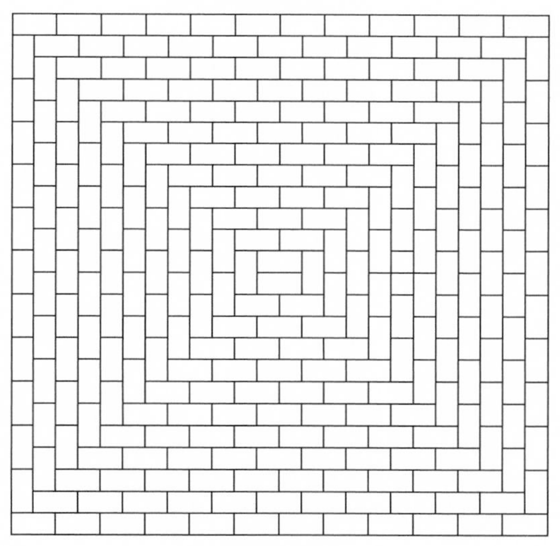

約 10 無畳大数（10^{69}）

図 3-5　228 畳間の畳の敷き方の数

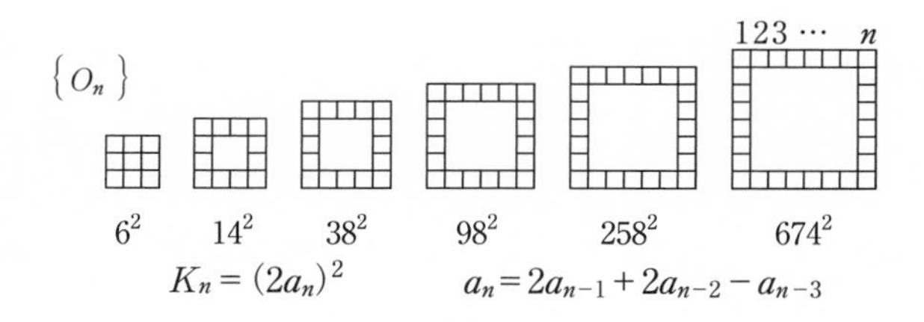

図 3-6　正方形格子の完全マッチング数

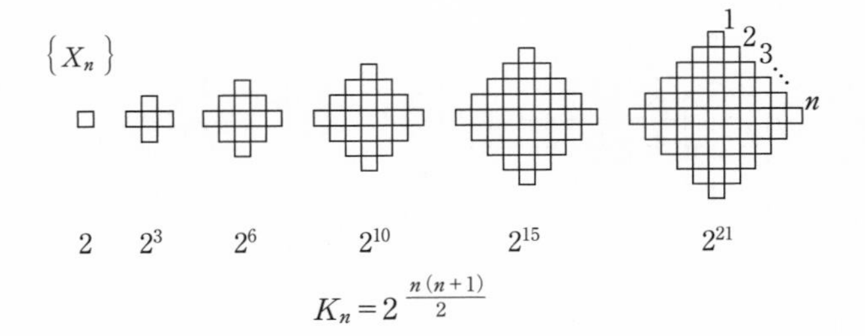

図 3-7 井桁格子の完全マッチング数

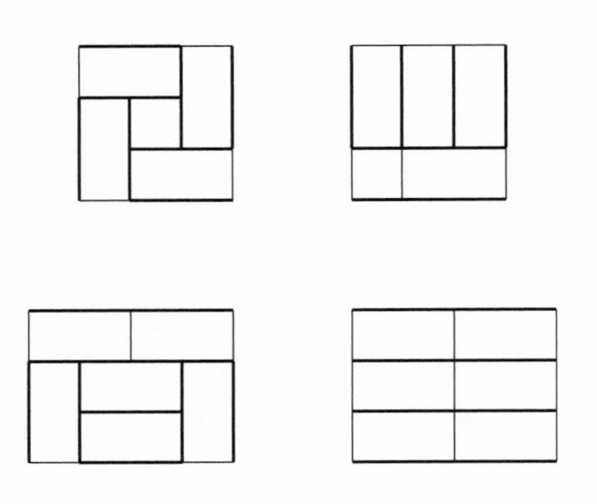

図 3-8 畳の敷き方の吉凶

3-3 紙、本

日本の紙の大きさの規格は、基本的にA判とB判の2種類がある。A0判は1平方メートルになるような、アスペクト比が$\sqrt{2}$の長方形で、$1189\,\mathrm{mm} \times 841\,\mathrm{mm} = 0.999949\,\mathrm{m}^2$という寸法になっている。この比だと真半分に切っても相似な長方形のA1判が2枚できる（図3-9を参照）。そのA1判を真半分にするとA2判が、というように続くのである。通常のコピー用紙A4判はA0判の縦横をそれぞれ4分の1にした$297\,\mathrm{mm} \times 210\,\mathrm{mm}$という大きさになっている。

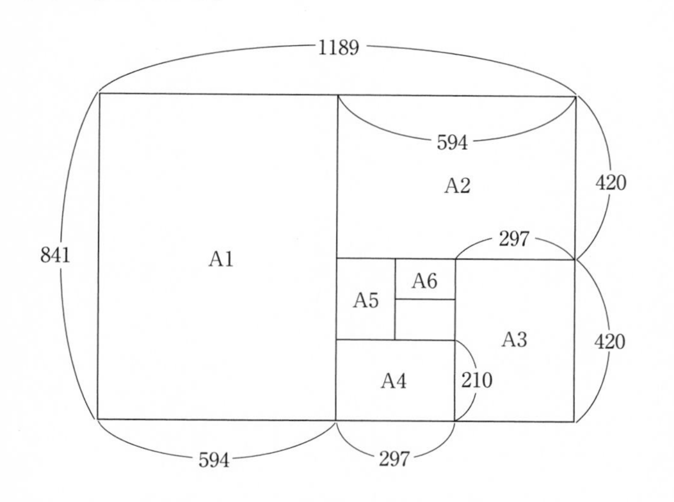

図3-9　A0判からA1判、A2判等がぞろぞろ

B 判は同じ番号の A 判の 1.5 倍の面積になるようにつくられている。まず B0 判は 1456 mm × 1030 mm = $1.499680\,\mathrm{m}^2$ で、狙いとしては $1.5\,\mathrm{m}^2$ だ。

3-4 白銀比、黄金比

日本の紙の規格はこのように $\sqrt{2}:1$ の長方形になっている。この比率は、長方形を半分に切っても同じ縦横比の長方形が出てくるので、

$$\frac{x}{1} = \frac{1}{\frac{x}{2}} \tag{3.7}$$

すなわち、$x^2 = 2$ で、その解

$$x = \sqrt{2} = 1.4142\cdots$$

からきている。このような $\sqrt{2}:1$ という比率のことを「白銀比」という。

一方、図 3-10 のように、長方形から短辺の正方形を切り取った残りが元の長方形と同じアスペクト比の長方形になる、

すなわち、

$$\frac{x}{1} = \frac{1}{x-1} \tag{3.8}$$

から得られる

$$x^2 - x - 1 = 0 \tag{3.9}$$

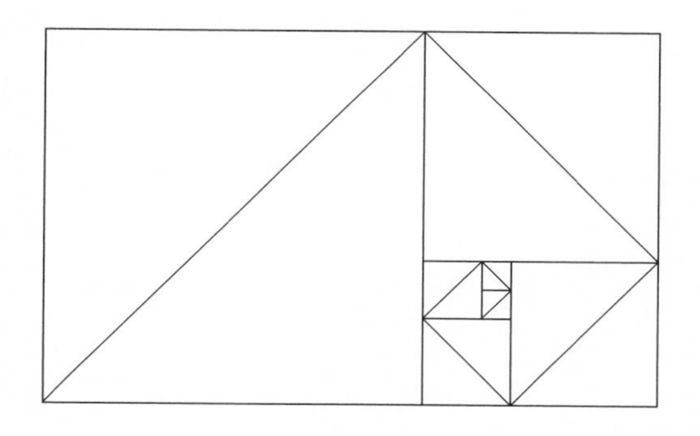

図 3-10　黄金比の紙の切り取り

の正の解

$$x = \frac{1+\sqrt{5}}{2} = 1.61803\cdots \tag{3.10}$$

は黄金比といわれている。

この道の専門家である著者の友人の宮崎興二氏によれば、白銀比の長方形は日本古来の建造物に、黄金比は西洋の建造物に多く見られるそうである。

なお、正多角形の中で対角線の長さがただ１つに決まるのは正方形と正五角形の２つだけで、辺長を１としたときの、それらの対角線の長さはそれぞれ白銀比と黄金比になっている、というのも宮崎氏の指摘である。

ここで黄金比のもつ数学的特性を少し紹介しよう。すでに (3.3) で紹介したフィボナッチ数をここでは f_n で表そう。

$$f_n = 1, 2, 3, 5, 8, 13, 21, 34, 55, 89, \quad \cdots \tag{3.3'}$$

これらの数は、

$$f_n = f_{n-1} + f_{n-2} \tag{3.4$'$}$$

という漸化式にしたがっている。また、この数列の隣り合う 2 数の比は、

$$\begin{aligned}
&\frac{2}{1} = 2, \quad \frac{3}{2} = 1.5, \quad \frac{5}{3} = 1.667, \quad \frac{8}{5} = 1.6, \\
&\frac{13}{8} = 1.625, \quad \frac{21}{13} = 1.615, \quad \frac{34}{21} = 1.619, \\
&\frac{55}{34} = 1.618, \quad \cdots
\end{aligned} \tag{3.11}$$

のように黄金比に収束する。

これは、(3.4′) の両辺を f_{n-1} で割って得られる

$$\frac{f_n}{f_{n-1}} = 1 + \frac{f_{n-2}}{f_{n-1}} \tag{3.12}$$

の左辺を x とし、これがある値に収束すると仮定すれば、右辺の第 2 項は $\frac{1}{x}$ と置けるので、

$$x = 1 + \frac{1}{x} \tag{3.13}$$

が得られる。これから先は (3.9)、(3.10) と同じである。

読者は「連分数」をご存知だろうか。下に実例を挙げる。

$$1 + \frac{1}{1 + \frac{1}{1}}, \quad 1 + \frac{1}{1 + \frac{1}{1+\frac{1}{1}}}, \quad 1 + \frac{1}{1 + \frac{1}{1+\frac{1}{1+\frac{1}{1}}}}, \quad \cdots \tag{3.14}$$

という無限連分数の値は、

$$\frac{3}{2},\quad \frac{5}{3},\quad \frac{8}{5},\quad \cdots$$

と続いて、(3.11) すなわち黄金比に収束するのである。

3-5 名刺

一般に、名刺の縦横比は黄金比になっている、という俗説があるが、実際に測定してみると、日本のものは 91 mm × 55 mm のものが圧倒的に多く、欧米のものは 89 mm × 51 mm のものが多い。ちなみにそれらのアスペクト比を計算すると、$\frac{91}{55} = 1.6545$, $\frac{89}{51} = 1.7452$ でどちらも黄金比ではない。しかし、日本の名刺を横に置いて、その長い辺を 2 mm だけ切り取ると、89 と 55 というフィボナッチ数そのものになるので、ほとんどぴったりと $\frac{89}{55} = 1.61818 \fallingdotseq 1.61803$ という黄金比に近くなるではないか。

それに対して、欧米の名刺の普通サイズは 89 mm × 51 mm なので、図 3-11 の下のように、4 mm だけ幅を広げなければならない。

3-6 国旗

ニューヨークの国連のビルの上には 200 近くの国の国旗がはためいていて、それは皆長辺と短辺の比が 3 : 2 に統

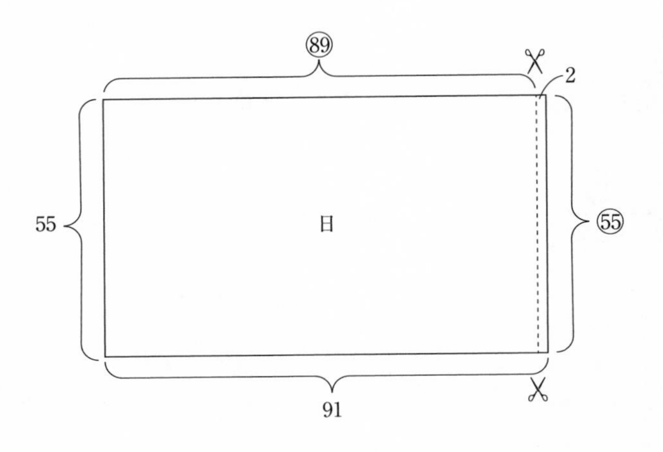

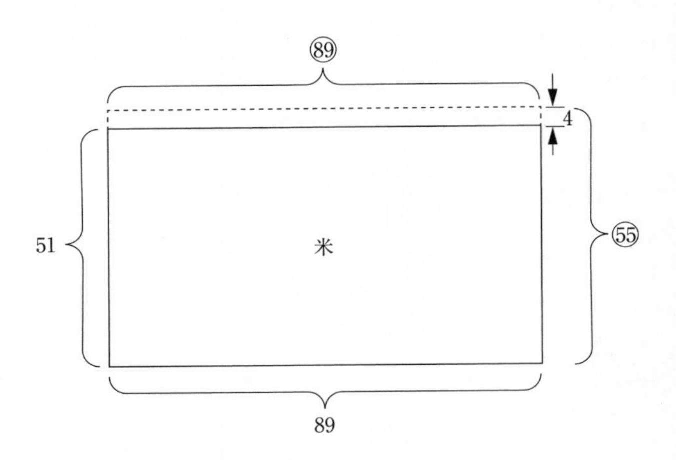

図 3-11　日・米の名刺と黄金比の関係

一されている。しかし、その多くはこの規格に合わせているだけで、母国に帰れば、それぞれの国の国旗の縦横の比率が定められている。意外にも、それにはかなり大きなバラエティがある。

まず、スイス、ベルギー、バチカンの3国だけは正方形であるが、その他の国は皆横長の長方形である。各国の国旗のアスペクト比をその大きさの順に並べると表3-2のようになっている。

この中のいくつかの国の比率が見た目にどのように違うかを図にしてみた（図3-12)。

それぞれの国でどのような議論を経てこのような値が決まったのだろうか。何とも不思議な表ではある。ドイツなどの5:3はともかく、スウェーデンとポーランドの8：5はフィボナッチ数狙いではないかという気がするが、いかがであろうか。

3-7 日本の国旗

日本の歴史で、白地に赤丸の旗がはっきりと記録された初めは12世紀終わりの源平の合戦で、源氏側が使った。相手の平氏のほうは、赤地に金丸で時の朝廷の使っていたものである。その後しばらくして江戸時代にはこの「白地赤丸」は国旗としてではなく、縁起のよい図柄として随所に使われていた。

1853年の黒船来航によりにわかに「日本国」としての

アスペクト比	長辺対短辺	国
1.00	1:1	スイス、バチカン
1.15	15:13	ベルギー
1.25	5:4	モナコ
1.32	37:28	デンマーク
1.38	11:8	ノルウェー
1.39	25:18	アイスランド
1.43	10:7	ブラジル
1.5	3:2	日本、韓国、中国、ロシア、インド、等々
1.56	14:9	アルゼンチン
1.57	11:7	エストニア
1.60	8:5	スウェーデン、ポーランド
1.64	18:11	フィンランド
1.67	5:3	ドイツ、ルクセンブルク、等々
1.75	7:4	メキシコ、イラン
1.86	41:22	グアム
1.90	19:10	米国
2.00	2:1	英国、カナダ、オーストラリア、北朝鮮、等々
2.55	28:11	カタール

表 3-2 各国の国旗のアスペクト比

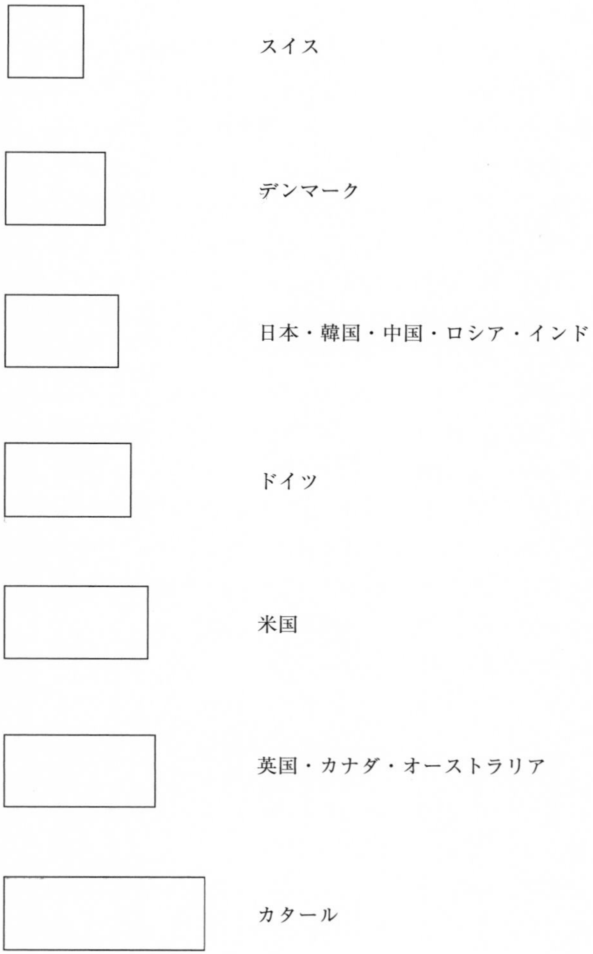

スイス

デンマーク

日本・韓国・中国・ロシア・インド

ドイツ

米国

英国・カナダ・オーストラリア

カタール

図 3-12　アスペクト比の異なる国旗群

意識が高まる中で、薩摩藩藩主の島津斉彬が、日本の船に「日の丸」を掲げるように主張して、その結果 1870 年の 2 月に「御国旗」の名で我が国の「日章旗」が正式に制定されたのである。ちなみにそのときのアスペクト比は、今のブラジルの国旗と同じ 10 : 7 であった。

しかし、その明治以後の日本の軍国主義の暴走は 1945 年の 8 月 15 日まで止まらず、敗戦後 3 年 4 ヵ月余の間は日の丸の旗の使用は禁止されてしまったのである。マッカーサーがその使用の許可を下したのは 1949 年 1 月 1 日のことである。

その後国内では、国歌も含めて、日の丸国旗についての賛否の議論が続いていたが、1999 年 8 月 9 日に「国旗国歌法」が正式に国会で承認されて今日に及んでいる。現在の国旗のアスペクト比は 3 : 2 であるが、横のやや短い旧来の 10 : 7 のものの使用も容認されている。丸は国旗の中心に描かれ、その直径は縦の寸法の 5 分の 3 ということも決まっている。

しかし実際には、札幌、長野の冬季オリンピックでは、これとは違う仕様のものが使われたらしい。色も、「紅色」であったり、より朱色に近い「金赤」であったり、仕様通り厳密には守られていないようである。

長方形の中に大きな円が 1 つ描かれるというシンプルで大胆なデザインの国旗は非常に珍しい。それを真似て、パラオとバングラデシュの 2 国の国旗もつくられたともいわれている。パラオは青地に黄色い丸で、その丸は月を表している。旗のアスペクト比は 8 : 5 である。バングラデ

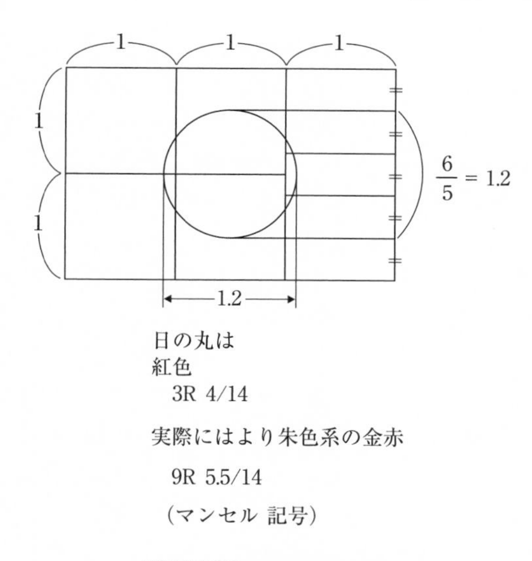

図 3-13　日本国旗の仕様

シュのほうは、濃緑地に赤丸で、アスペクト比は５:３である。緑の大地から太陽が昇り行くというイメージである。バングラデシュは 1972 年、パラオは 1981 年の制定であり、関係者は日本との関係を口にしないが、どちらも日本の日の丸のおまじないがかかっていることは間違いないであろう。

3-8 紙幣、切手

現在日本で使われている主な紙幣はいずれも日本銀行の

発行したもので、1000 円、2000 円、5000 円、1 万円の 4 種類である。昔は、10 円、1 円、50 銭、10 銭から、1953 年までは 1 円の 20 分の 1 の値打ちしかない 5 銭の紙幣までが使われていた。

世界中のどの国でも紙幣は長方形で、ほんの一部の例外を除いては、文字通り紙製である。1988 年にオーストラリアで世界初のポリマー紙幣（polymer banknote）がつくられ話題になったが、現在は 20 ヵ国以上の国で発行されている。日本の紙幣の大きさは、縦の長さは 76 mm で共通だが、横の長さは、高額のものほど長くなっている。すなわち、1000 円、2000 円、5000 円、1 万円の順に、150、154、156、160 mm となっている（図 3-14 参照）。

これに対して、米国の 1、5、10、20、50、100 ドル紙幣の大きさは全部等しく、66 mm × 156 mm である。インチ単位にすると、2.61 inch × 6.14 inch になっている。英国の紙幣は米国のより縦が長く、横が短いずんどうだが、これも全部同じ大きさになっている。ただし、最近発行されたポリマー紙幣の大きさは少し違うようだ。

日本の紙幣の歴史の初めのほうは、西洋文明とはまったく関係なく発展してきているようである。というのは、14 世紀の「建武の中興」のときに、銅銭の代わりに紙幣がつくられたという記録が江戸時代の『太平記』に記されている。ただし、それがどのようなものだったかは記録がない。17 世紀の初頭に伊勢山田の豪商たちが「山田羽書（はがき）」という紙幣を発行して、その地方で広く通用していたそうだが、その現物が残っていて、5 対 1 の縦長の長方形の紙製

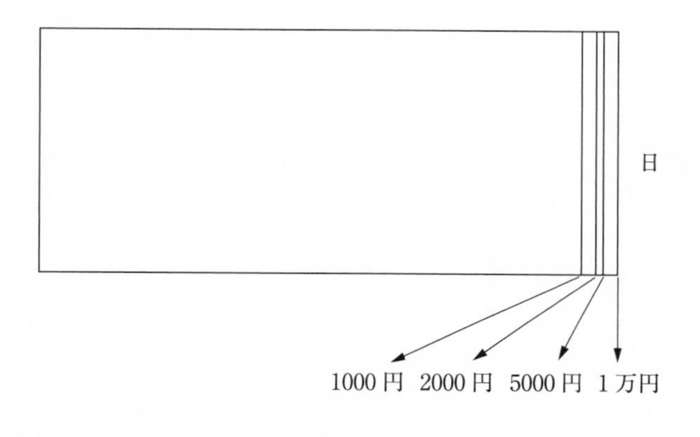

1，5，10，20，50，100ドル

米

図3-14　日・米の紙幣の比較

である。少し下って江戸時代に入ると、全国各地の藩でそれぞれ独自に「藩札」と呼ばれる紙幣を幕府の許可の下に発行した。これも縦長の長方形である。

日本全土に通用する紙幣の最初は1881年（明治14年）に日本政府が発行した神功皇后（じんぐうこうごう）の肖像画の入ったものであり、以後高額の紙幣には必ず有名人の肖像が描かれるようになった。そして、この段階で、横長、精密な印刷技術、肖像画入り等の西欧の紙幣の影響を強く受けることになったのである。

とにかくどこの国においても、長方形の高額紙幣が元になって国の財政を支配していることには変わりない。そういうことから紙幣が偽造変造されにくいように、各国ともに、紙質、精密な画像、特殊な印刷形態、透かし、隠し文字等のあらゆる点に多大の努力を払っている。また、国によっては、デザインを変えた新札を頻繁に発行しているところもあるくらいである。

また国の郵便事業である郵政という支配形態も、長方形の切手に象徴されている。長方形以外の形の切手もたまには出るが、1枚のシートから100枚近くの切手を切り離すことの効率を考えたら、これ以外の形は考えられないであろう。しかし現実に、図3-15のような台形や平行四辺形の切手が発行されているから面白い。

すでに説明したように、原理的にどんな四角形も隙間なくそれだけで平面充塡できるのだが、現実にこれらの切手のシートがどのようになっているかを著者は知らないので、ご存知の方は教えてほしい。

図 3-15　平行四辺形と台形の切手

4

第4章

曲者四角形の不思議

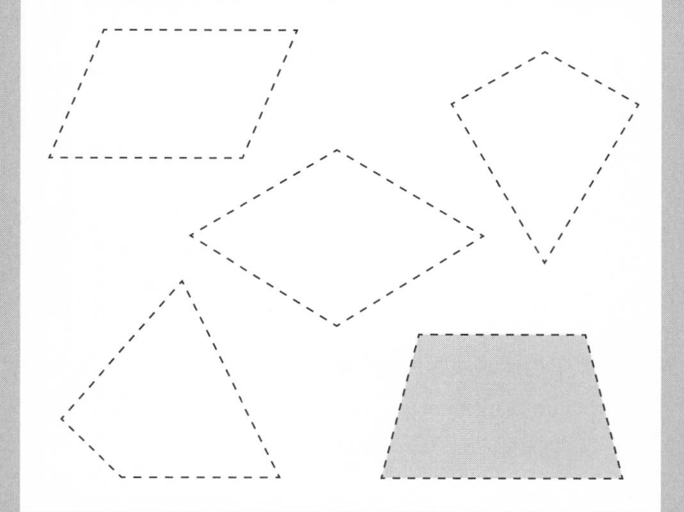

4-1 レプタイル（rep-tile）

英語で reptile というのは「爬虫類」を意味する。ところが、p と t の間にハイフンを入れると、パズルや数学が好きな人にしかわからない、特別な性質をもった多角形の一群の意味になってしまう。この分野でいちばん有名なものが、スフィンクス（sphinx）の愛称で呼ばれる図 4-1 の左の図形である。この 60° のとがりを 3 つもった五角形は、同じ大きさの仲間を合わせて 4 匹で、縦横 2 倍で面積が 4 倍の同形のスフィンクスに成長する。さらに、n の 2 乗倍の大きなものに成長を続けることができる。

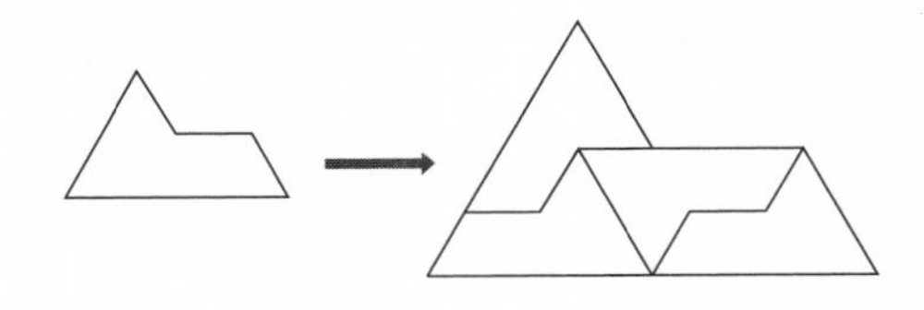

図 4-1 スフィンクス

このような性質をもった図形を rep-tile というのである。この言葉をつくったのは米国のパズリストのゴロム（Solomon W. Golomb 1932–2016）だが、それを世に広めたのがガードナー（Martin Gardner 1914–2010）だ。彼は数学やパズルに関する有名な文章書きで、1963 年に『Scientific American』（『日経サイエンス』の親版）のある号にこのスフィンクスを紹介したのである。

どんな三角形も rep-tile の資格をもっているが、とくに面白いものではない。五角形の rep-tile は数少なくあまり話題にならないが、四角形には図 4-2 のような 4 種類が知られている。

いちばん最後のものだけは $(2n+1)^2$ 倍に成長する。

4-2 ペンローズ・タイリング

正三・四・六角形はいずれも平面充塡が可能だが、正五角形はそれができない。そこで英国の数学者で物理学者でもあるペンローズ（Roger Penrose 1931–）が考えたのが、いわゆるペンローズ・タイリング（Penrose tiling）である。それが 1984 年にそれと同じ対称性の「準結晶」というものが実際に発見されて一躍有名になった。物理や化学の専門的な話になるので、それは割愛して五角対称のタイリングの説明だけに話を絞ろう。なお、ペンローズのことは本書の最後のほうにも出てくるのでその名を覚えておいてほしい。

ペンローズ・タイリングは大きく分けて 2 通りある。1 つは (72°, 108°) の菱形を図 4-3 のような kite（凧）と dart（矢）に切り分けたもので、正十角形や五角回転対称の星をはじめ、実に多彩な平面充塡のパターンを描ける。このパターンからもわかるように、72° というのは 360° を 5 等分した角度である。

この kite と dart を使えば、図 4-4 のような、五角形と

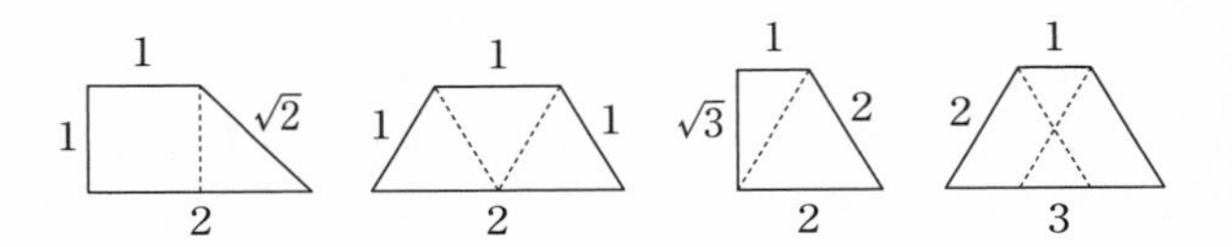

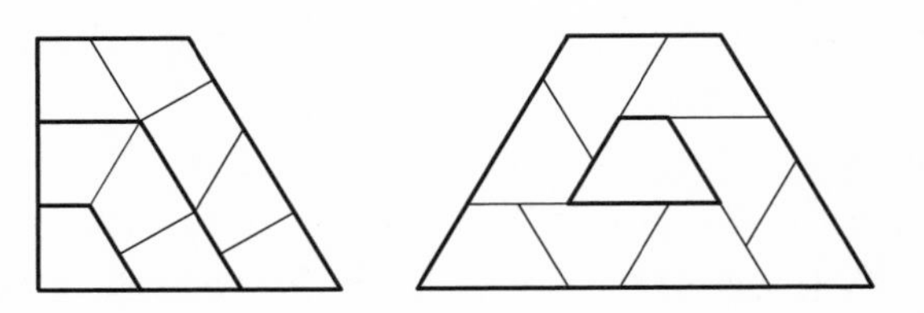

図 4-2　四角形のレプタイル

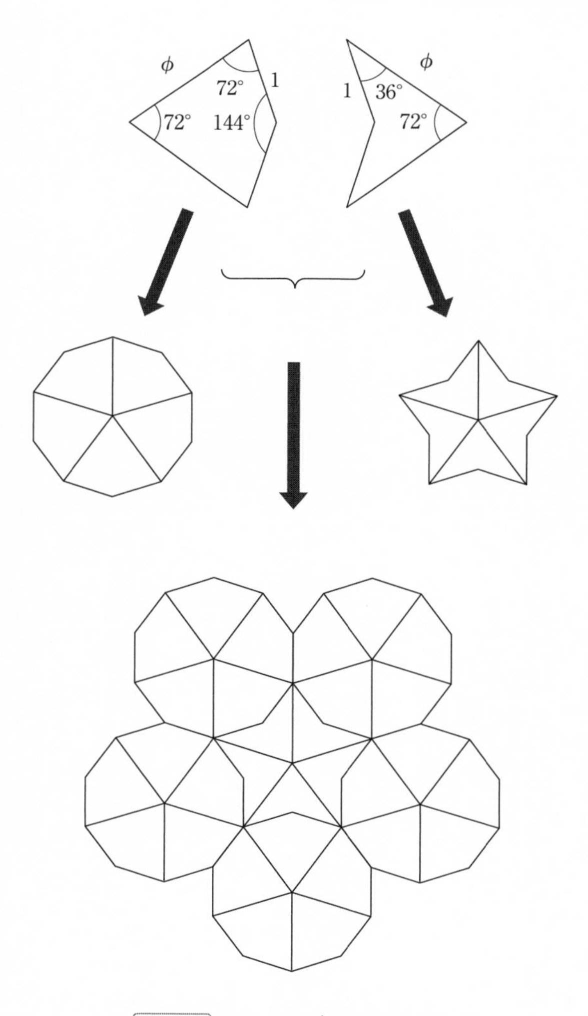

図 4-3　ペンローズの kite と dart

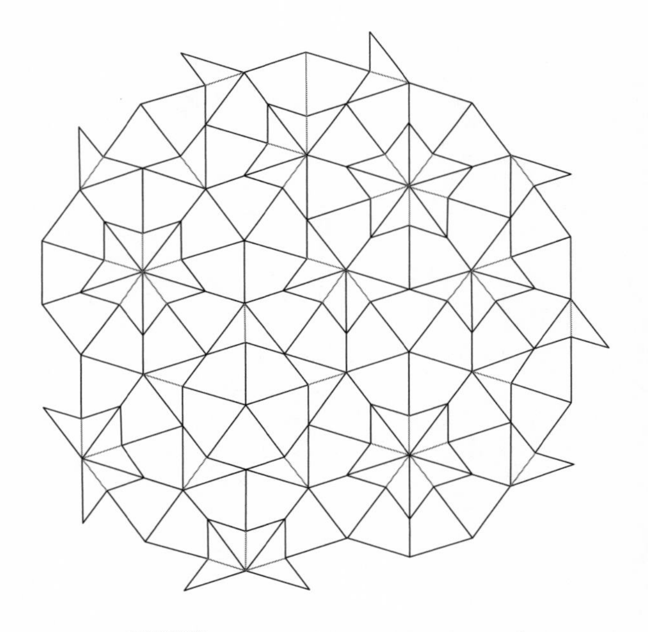

図 4-4 ペンローズの非周期的タイリング

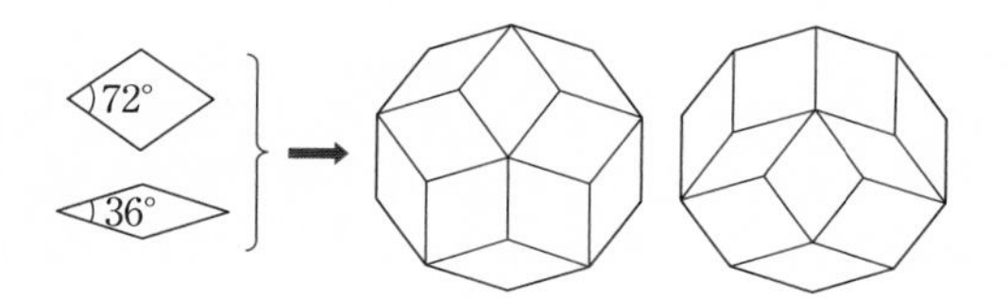

図 4-5　ペンローズとマッカイの菱形ユニット

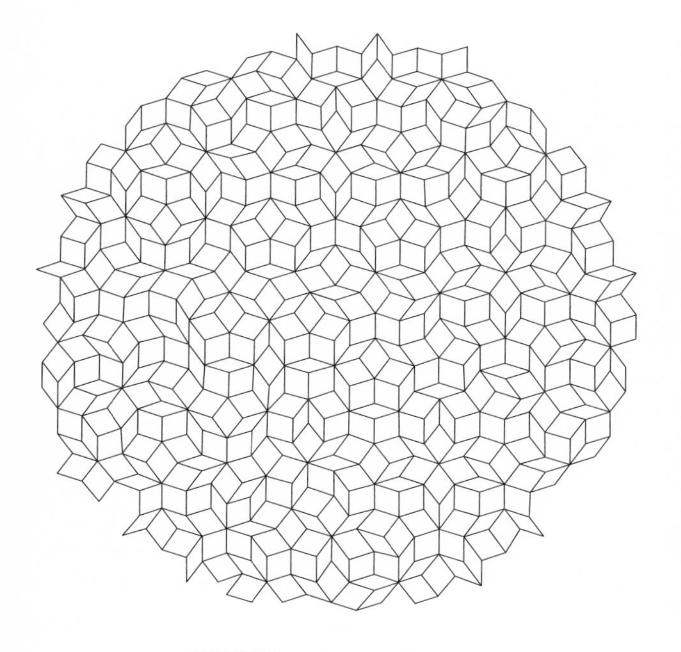

図 4-6　マッカイ・パターン

十角形を至るところに含む非周期的平面充塡のタイリング・パターンを描くことができる。

もう一つは、英国の結晶学者マッカイ（Alan L. Mackay 1926–）の考えも入っている図 4-5 の左のような菱形の対である。この両者を 5 枚ずつ使って正十角形が描けるので、図 4-6 のような五角対称を含んだ多様な平面充塡図が描ける。本書では、これをマッカイ・パターンと呼ぶことにする。

4-3 岩井の正五角対称パターン

ペンローズ・パターンにヒントを得た著者の友人の岩井政佳氏は、(72°, 108°) の菱形から図 4-7 のような等脚台形を切り出すと、図 4-8 のようなきれいな正五角形の平面充塡図形が描けることを見出した。

ここで ϕ は前章で出てきた黄金比 $\phi = \dfrac{1+\sqrt{5}}{2} = 1.618\cdots$ で、$1+\phi = \dfrac{3+\sqrt{5}}{2} = 2.618\cdots$ である。これを使えば、5 回回転対称の平面充塡パターンが順々に描かれる。

しかしこの等脚台形だけでは、これ以外の平面充塡のパターンは描けない。そこで著者は、岩井の等脚台形に図 4-7 の右側の三角形をあわせた (U, V) という対、図 4-9 を使うことによって、非常にバラエティに富む非周期的な平面充塡のパターンが描けることを見出した。四角形に三

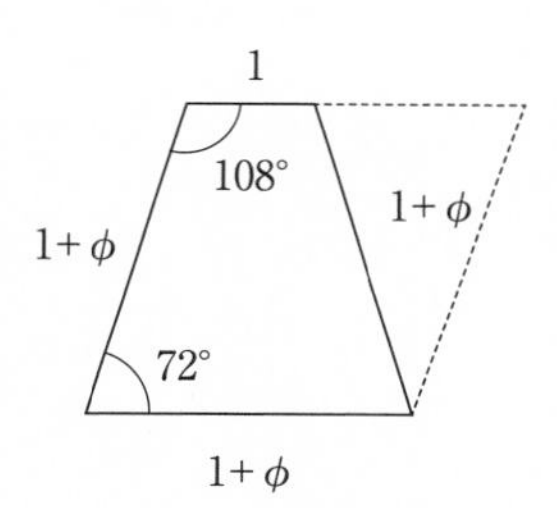

図 4-7　岩井の台形

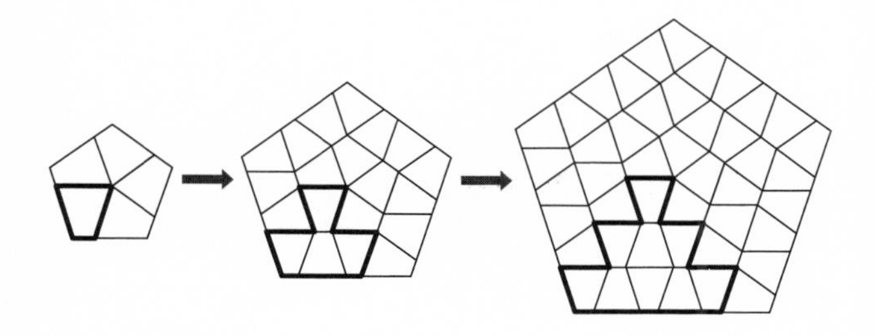

図 4-8　岩井の正五角形充填パターン

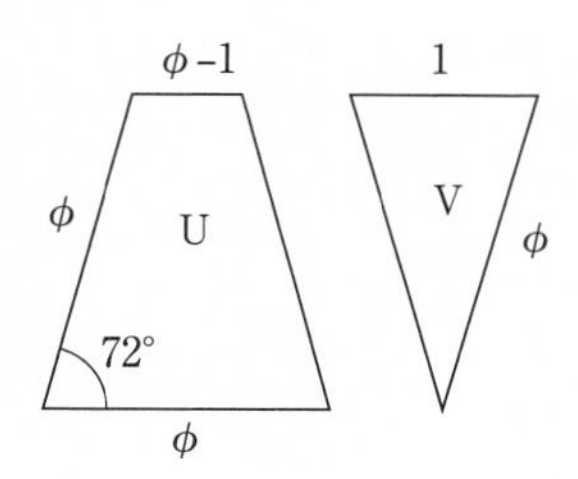

図 4-9　岩井・細矢の UV 対

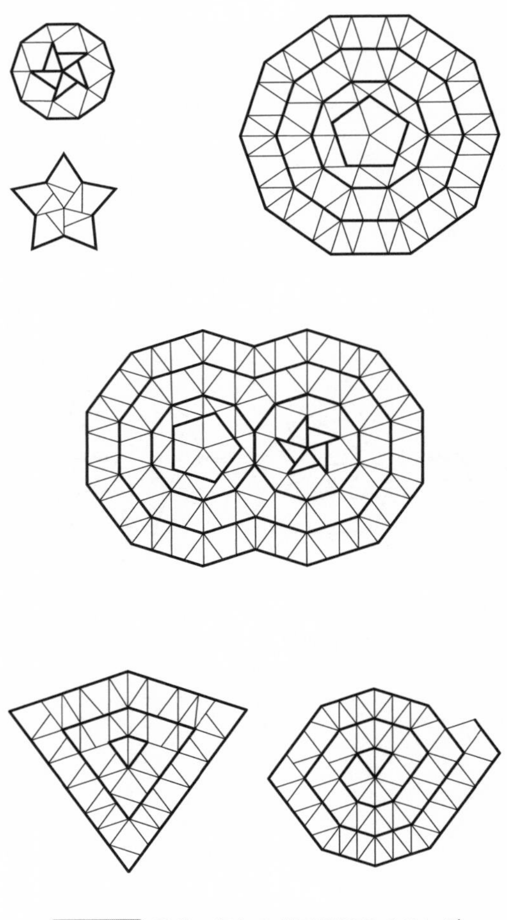

図 4-10 岩井・細矢の非周期的タイリング

角形を混ぜ合わせたので、本書の主題には合わないが、この “Iwai-Hosoya tiling” を少しだけ紹介させていただこう（図 4-10）。

ここに出てきた非周期的平面充填のユニット対は、どれも（72°，108°）の菱形に由来しており、それらは図 4-11 のように互いに密接な関係にあることがわかる。その中で V だけが三角形ではあるが、他の D, K, R, S, U の５種の四角形とは義兄弟のような関係になっている。

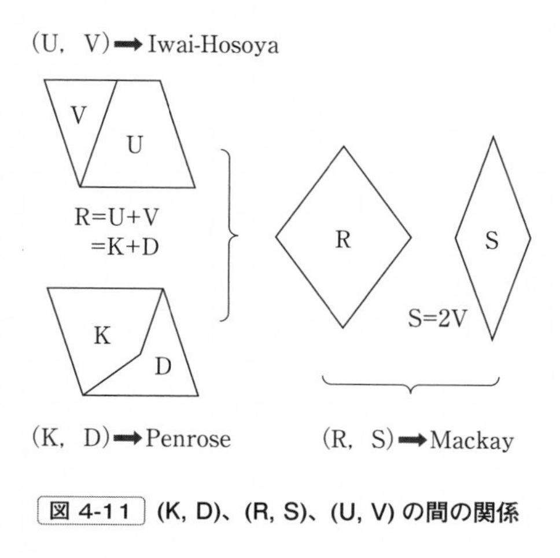

図 4-11　(K, D)、(R, S)、(U, V) の間の関係

4-4
六角形

正六角対称の平面充填図は（60°，120°）の菱形を使って図 4-12 のように描けるが、これ以上の発展はない。

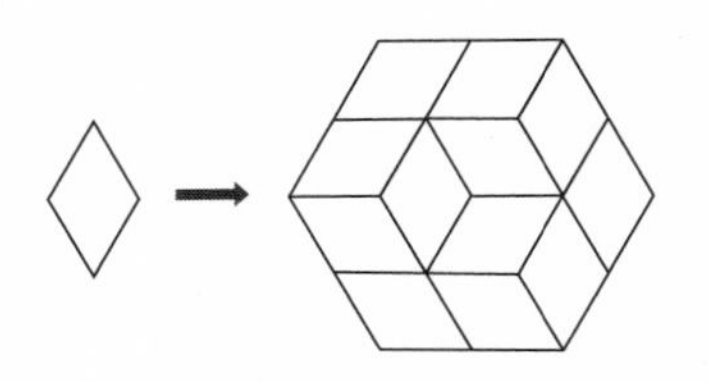

図 4-12 正六角形対称の充塡

4-5 七角形、十四角形

マッカイの考え方を発展させると、図 4-13 のような正十四角形のパターンが描ける。これは 360° を 7 等分した $\frac{2\pi}{7} = 51.4°$ という角度の菱形を基にしたものである。余談ではあるが、数学的に厳密なことをいうと、正七角形を正確に描いた人は誰もいないのである。つまり、与えられた角度を正確に 7 等分する方法は知られていないのである。

それはともかく、マッカイ流の図 4-5 や 7 回回転対称の

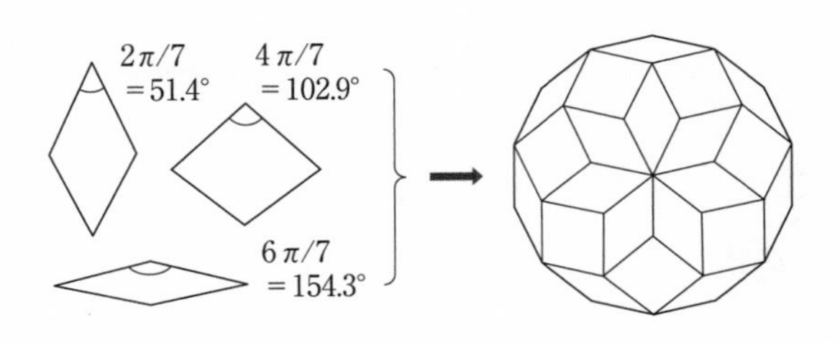

図 4-13 マッカイ・パターンの正十四角形

図 4-13 の考え方を発展させると、複数の菱形ユニットを使いこれらよりも高い回転対称の平面充填パターンを生成することができるようである。

4-6 八角形

8回回転対称の平面充填図は図 4-14 のような、菱形と凧形の対をユニットとして描くことができる。

それを使えば、正八角形を無数に組み合わせた平面充填パターンを図 4-15 のように描くことができる。

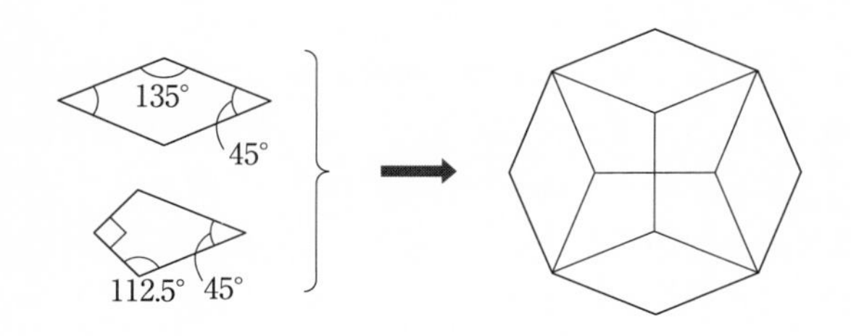

図 4-14　正八角形対称

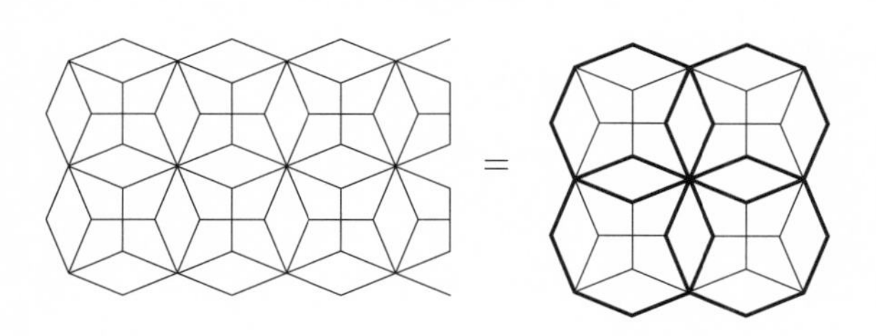

図 4-15　正八角形対称の充填

4-7
十二角形

正三角形と直角二等辺三角形を接合させてできる四角形をユニットとすると、図 4-16 のように 3 種類の大きさの正十二角形を描くことができる。それより大きな正十二角形は描けないが、非周期的な平面充塡図形はどんどん大きく成長することができる。

4-8
三角定規

セットになっている 2 枚の三角定規を図 8 の左上のように組み合わせてできた四角形 8 枚から正八角形が、24 枚から正二十四角形が組み上がる。両者の相対的な大きさを変えて作った四角形からは、図 8 の右のように正十二角形と正二十四角形が組み上がる。

なお、三角定規を使った遊びについては、拙著『三角形の七不思議』にいろいろと紹介したので興味ある人はそれを見てほしい。

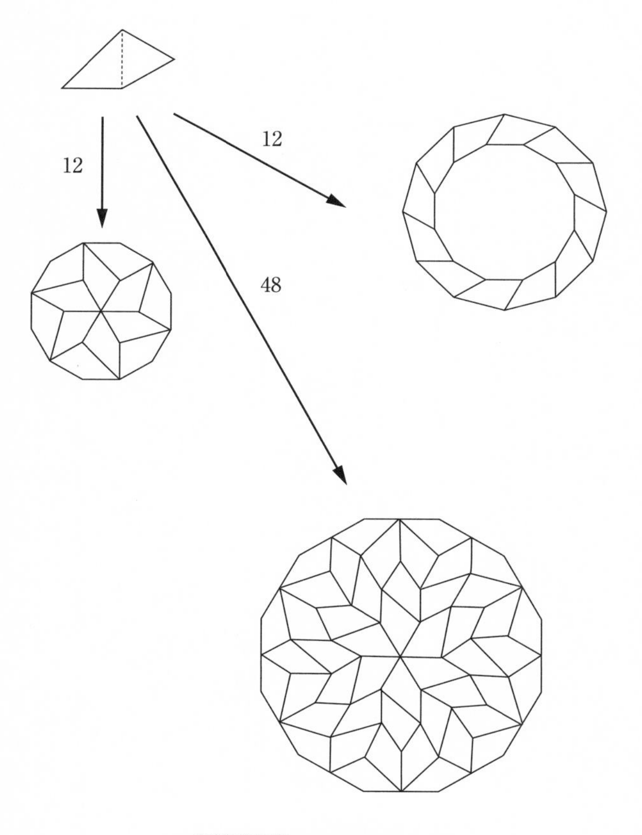

図 4-16　正十二角形対称

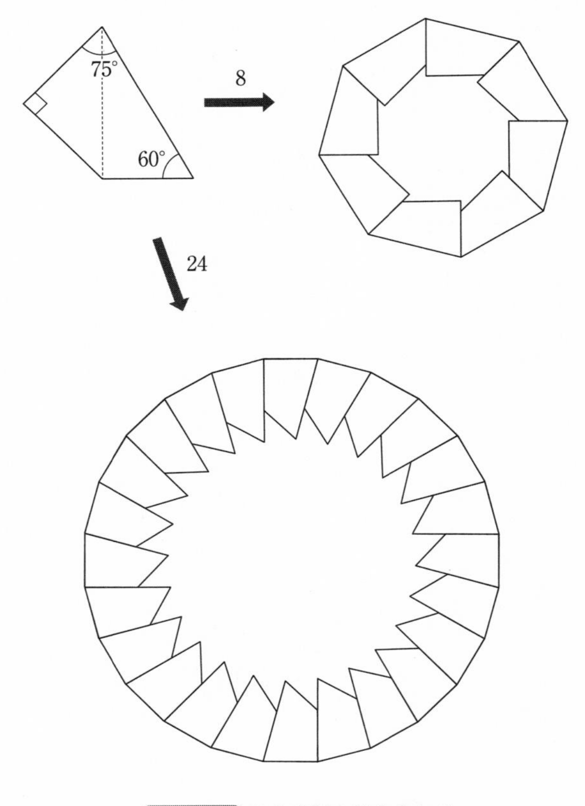

図 4-17 三角定規の組み合わせ

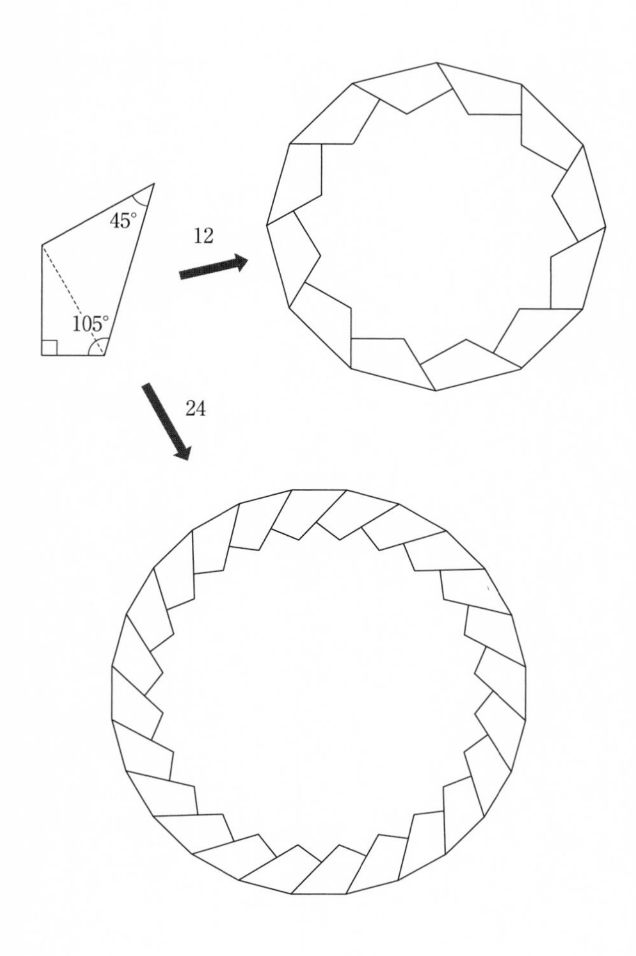
45°
105°
12
24

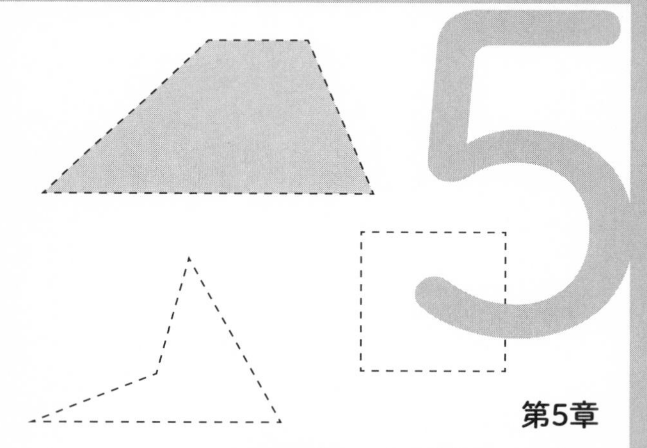

第5章

四角く並べた数の不思議

5-1 魔方陣

不思議な方陣(四角い砦)という意味で、英語ではmagic square という。いちばん簡単なものが、

6	1	8
7	5	3
2	9	4

図 5-1 3方陣

という「六一坊主に蜂がさす。七五三はニークーシー」というお馴染みのもので、3行3列及び2つの対角線の数字の和がどれも同じ15になる。このような性質をもつ3方陣はこのパターンしかなく、紀元前2200年頃、中国の黄河の支流の洛水で捕まった亀の甲羅に刻まれていたというのが最古のものであるという(図5-2)。

連続した数を使うという制約を除けば、3方陣にもいくつかの変種が見つかっている。ここでは、フィボナッチ数だけからなる3方陣を3つ紹介しよう。

フィボナッチ数というのはすでに第3章で紹介してある数列(3.3′)であるが、残念ながらそれだけで普通の方陣はできない。そこで、各行の積和が各列の積和と等しくな

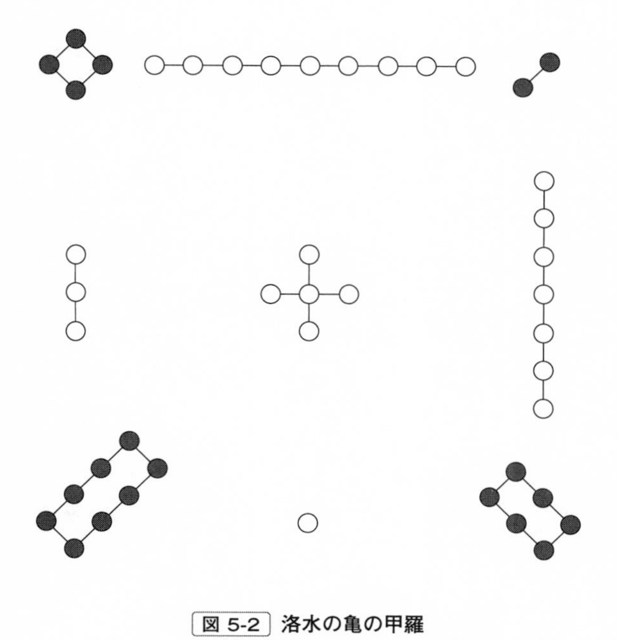

図 5-2　洛水の亀の甲羅

(a)

34	1	13
3	8	21
5	55	2

$34 \times 1 \times 13 + 3 \times 8 \times 21 + 5 \times 55 \times 2 = 1496$

$34 \times 3 \times 5 + 1 \times 8 \times 55 + 13 \times 21 \times 2 = 1496$

(b)

55	2	21
5	13	34
8	89	3

$55 \times 2 \times 21 + 5 \times 13 \times 34 + 8 \times 89 \times 3 = 6656$

$55 \times 5 \times 8 + 2 \times 13 \times 89 + 21 \times 34 \times 3 = 6656$

(c)

89	3	34
8	21	55
13	144	5

$89 \times 3 \times 34 + 8 \times 21 \times 55 + 13 \times 144 \times 5 = 27678$

$89 \times 8 \times 13 + 3 \times 21 \times 144 + 34 \times 55 \times 5 = 27678$

図 5-3 連続したフィボナッチ数からなる 3 方陣の 3 種

るという新しい条件下のものを探した結果が図5-3に示してある。(a) のほうは1から55まで、(b) のほうは2から89まで、(c) のほうは3から144までの連続する9個のフィボナッチ数を使った優れものである。

しかも (a)〜(c) の規則性に気がつけば、この種の3方陣は無限につくることができる。

フィボナッチ数がらみの魔方陣は他にもいろいろと議論されているので、興味ある読者はネット情報で調べてみるとよいだろう。

3方陣の次に大きい4方陣は、回転や鏡映などの対称性を考慮しても880パターンもあるという。その中で有名なものをいくつか紹介しょう。16世紀初頭のドイツの版画家デューラー（Albrecht Dürer 1471–1528）は、『メランコリアⅠ』という名の銅版画の中に

16	3	2	13
5	10	11	8
9	6	7	12
4	15	14	1

図 5-4　デューラーの4方陣

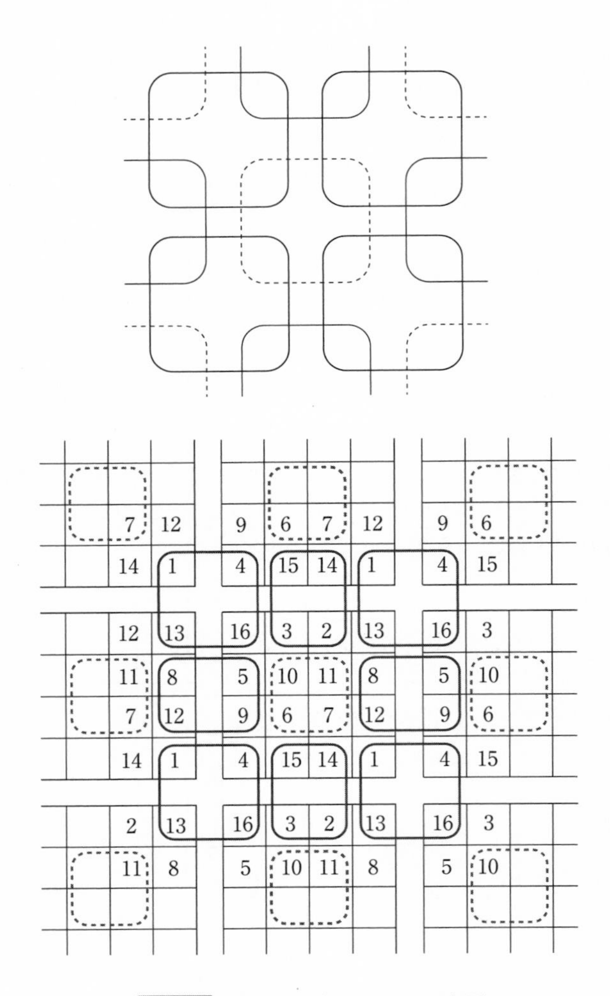

図 5-5 図 5-4 の中の 8 つの四角形

という 4 方陣を描きこんでいる。いちばん下の行の中央には 1514 という数が見られるが、これは製作年を表すという手の込んだものである。しかも縦横斜めの 10 組の 4 数の和が 34 であるだけでなく、図 5-5 に見える 7 つの四角形の他に、右上と左下、および左上と右下の 2 組の 4 数の和も 34 になるという優れものである。

なお、図 5-4 の魔方陣の 2 行目と 3 行目を入れ替えても、できた 4×4 の行列は元の図 5-4 と同じ性質をもった魔方陣になっているのである。2 列目と 3 列目について同じようなことをしても、違う魔方陣が次々と出てくるから不思議である。

16	3	2	13
9	6	7	12
5	10	11	8
4	15	14	1

16	2	3	13
5	11	10	8
9	7	6	12
4	14	15	1

図 5-6　図 5-4 の入れ替え

驚くことはそれだけではない。図 5-4 の右下の 1 から出発して、図 5-7 のように番号順に矢印を追って 16 までいった軌跡は、この四角形の中心に関して点対称になっている。その点対称の関係にある 8 組の対の数字の和は、$(1, 16)$, $(2, 15)$, $(3, 14)$, $(4, 13)$ のようにどれも 17 になっているではないか。

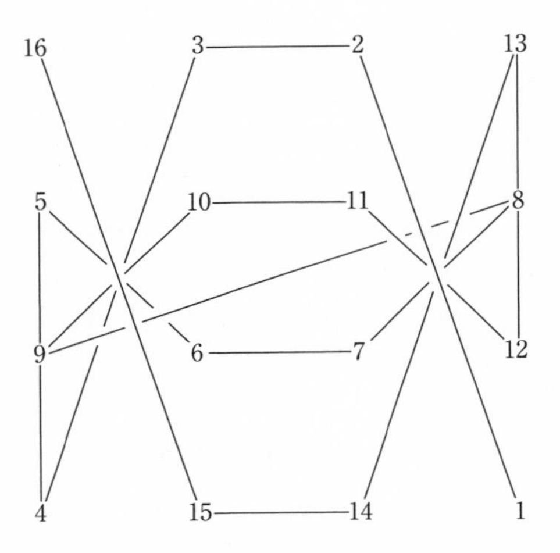

図 5-7　4 方陣に隠された秘密

こういう目で最初の 3 方陣を見ると、

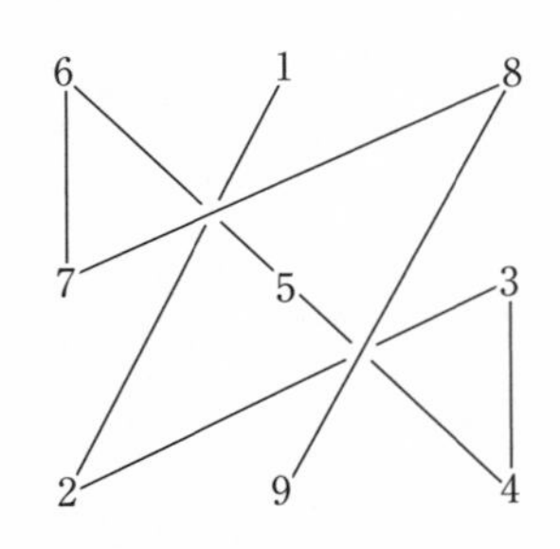

図 5-8　3 方陣に隠された秘密

のように、点対称の軌跡が描かれる。その点対称の関係にある 4 組の対の数字の和は、$(1,9)$, $(2,8)$, $(3,7)$, $(4,6)$ のようにどれも 10 になっている。

さて、4 方陣に話を戻そう。「完全 4 魔方陣」というものがある。それは、縦横斜めの 10 通りと図 5-5 の関係の他に、次の図 5-9 のような 6 通りの「汎対角線和」も等しくなっているもので、

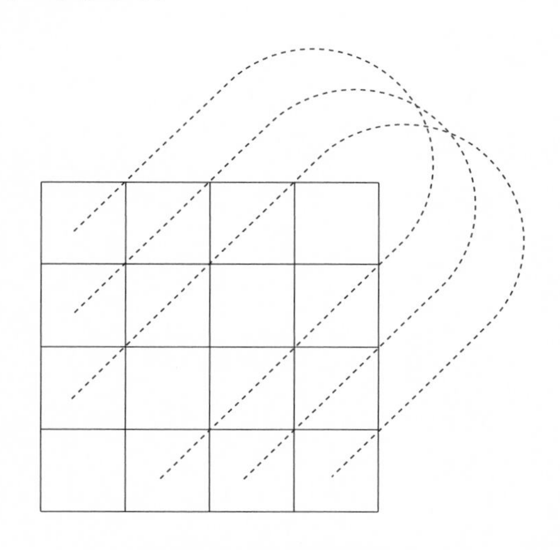

図 5-9　4 方陣の汎対角線和

そういうものが 48 種類もあるというから不思議だ。

その 1 つの例が、古代インドのジャイナ教の刻文（11～12 世紀）から見つかった

7	12	1	14
2	13	8	11
16	3	10	5
9	6	15	4

図 5-10　ジャイナ教の刻文

である。それがどのような方法で見出されたかは謎である。

5-2 魔方陣をつくる

5 方陣は非常にたくさんあるのだが、その中の 1 つは簡単にできるので、それだけを紹介することにしよう。まず、5 × 5 の正方形のマス目と、その 4 辺に山形の空きマスを図 5-11 (a) のように描く。すると、この図は正方形を 25 個頂点繋ぎにしたものとみなすことができる。その 25 個の正方形に図 5-11 (b) のように 1 から 25 までの数を書き込む。すると目的とする 5 × 5 の魔方陣には 12 個の空

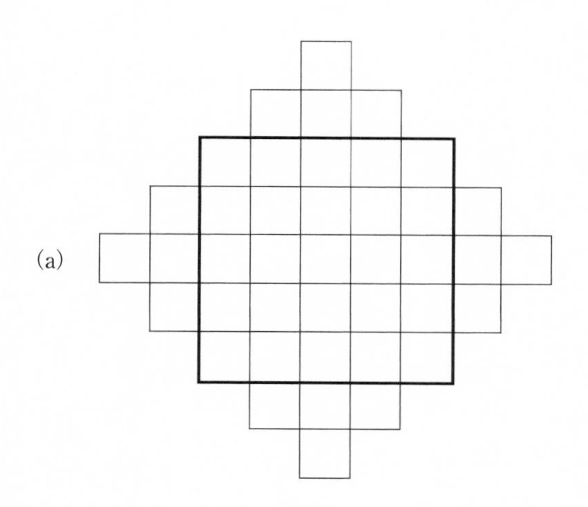

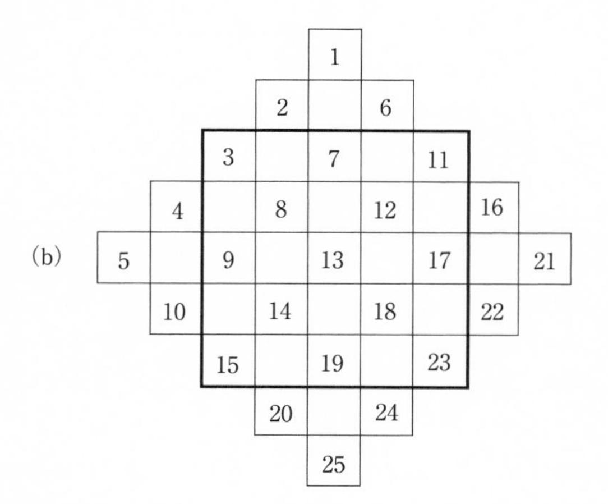

図 5-11　5 方陣のつくり方 (a) マス目をつくる (b) 数を順に入れる

白が残っている。

てっぺんの1の下の列には4個の空白があるが、その1はその次から数えて5番目の空白に書き込む。次に、枠の外にある2もその5番目の空白に書き込む（図5-12）。

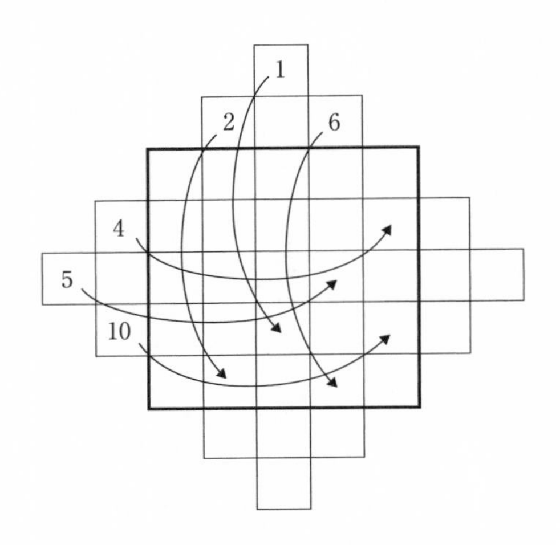

図5-12 5方陣のつくり方（続き）

数字の6も同じようにして、その列の5番目の空白に書き込む。その次は、左側にはみ出ている4, 5, 10を右側の枠内の空白に書き込む。同じようにして、残りの16, 21, 22, 20, 25, 24を書き込んで終了。図5-13のような5方陣ができ上がる。

この縦・横・対角線12組の5数の和はいずれも65になっている。この方法は、3方陣も含めた一般の奇数方陣にも使える。ただし n 方陣の場合、枠外の数字はその次か

3	20	7	24	11
16	8	25	12	4
9	21	13	5	17
22	14	1	18	10
15	2	19	6	23

図 5-13　5 方陣の完成

ら数えて n 番目の空白枠に書き込むのである。

7 行 7 列についても、図 5-14 から出発して図 5-15 のような結果が得られる。

もう少し大きな 8 方陣も簡単につくることができる。まず、図 5-16 のように 8×8 の正方格子のマスの中に 1 から 64 までの数を左上から右下まで仮に書き込む。そこに、図のような 2 本の対角線と斜めの四角形を薄く書き込む。これらの斜線のかからない 32 個のマスの中の数字はそのまま残すことになる。

次に、2 本の対角線上の数字はそれぞれ上下逆に入れ替える（図 5-16 を参照）。

その次に、斜めの四角形上の数字は、4 と 61、5 と 60 の

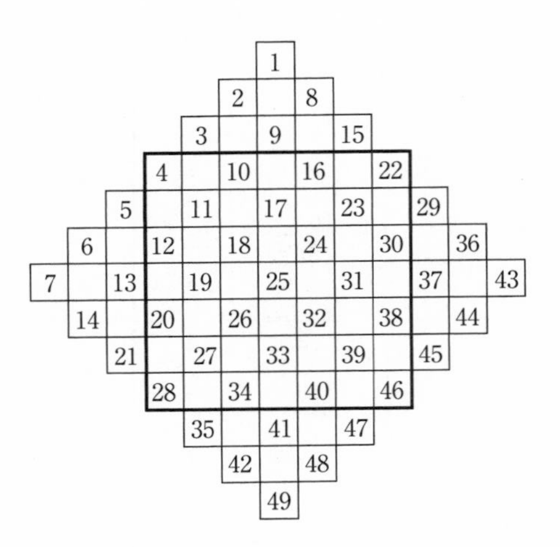

図 5-14　7 方陣のつくり方の出発

4	35	10	41	16	47	22
29	11	42	17	48	23	5
12	36	18	49	24	6	30
37	19	43	25	7	31	13
20	44	26	1	32	14	38
45	27	2	33	8	39	21
28	3	34	9	40	15	46

図 5-15　7 方陣の完成

1	2	3	4	5	6	7	8
9	10	11	12	13	14	15	16
17	18	19	20	21	22	23	24
25	26	27	28	29	30	31	32
33	34	35	36	37	38	39	40
41	42	43	44	45	46	47	48
49	50	51	52	53	54	55	56
57	58	59	60	61	62	63	64

図 5-16　8 方陣のつくり方の出発

64			61	60			57
	55	54			51	50	
	47	46			43	42	
40			37	36			33
32			29	28			25
	23	22			19	18	
	15	14			11	10	
8			5	4			1

図 5-17　8 方陣づくりの途中

ように中心の点に関して対称のもの同士を入れ替える（図5-17を参照）。

つまり、斜線上の数字はすべてこの8×8の正方形の点対称のものと入れ替えるわけで、その結果得られたのが図5-18の8方陣である。このように、いくつかの大きめの魔方陣の手軽なつくり方が見つかっている。

64	2	3	61	60	6	7	57
9	55	54	12	13	51	50	16
17	47	46	20	21	43	42	24
40	26	27	37	36	30	31	33
32	34	35	29	28	38	39	25
41	23	22	44	45	19	18	48
49	15	14	52	53	11	10	56
8	58	59	5	4	62	63	1

図5-18 8方陣の完成

5-3 立体方陣

平面の四角形に限らず、3次元の立体の各頂点上に数字を並べて遊ぶこともできる。四角形にこだわれば、立方体の 8 頂点で描かれる 6 個の正方形が使えそうだ。そのとき、図 5-19 の左のような「透視図」を使うと線が交差して見にくいので、点の間の隣接関係を保ったまま、線の交差しない右のようなシュレーゲル図を使うことにしよう。

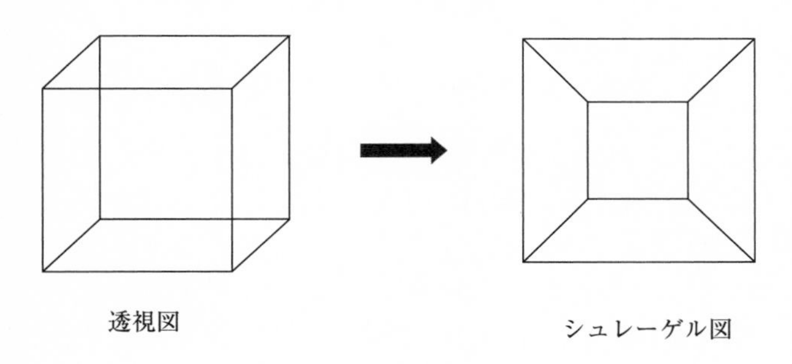

図 5-19　立方体のシュレーゲル図

この 8 つの頂点上に 1 から 8 までの数を並べて、どの四角形を選んでも 4 数の和が同じ 18 になるようにするのである。この「立方体方陣」の答えは図 5-20 のように 3 通りある。

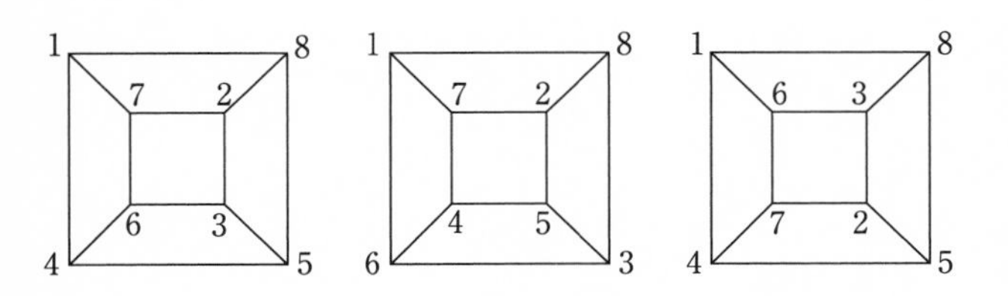

図 5-20　どの四角形の数の和も同じ

この他に

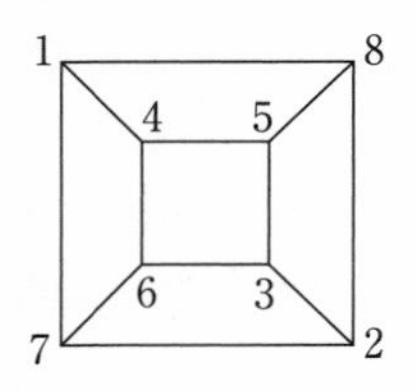

図 5-21 図 5-20 の左端とトポロジー的に同じ

のような別解がありそうだが、1 の隣には $(4, 7, 8)$、2 の隣には $(3, 7, 8)$、3 の隣には $(2, 5, 6)$ というように調べると、この図 5-21 は図 5-20 の左端の図と一致してしまい、両者はトポロジー的に同じ図だということがわかるのである。

さて、立方体の各辺の中点を図 5-22 のように結ぶと、正方形が 6 枚、正三角形が 8 枚の立方八面体という多面体ができる。

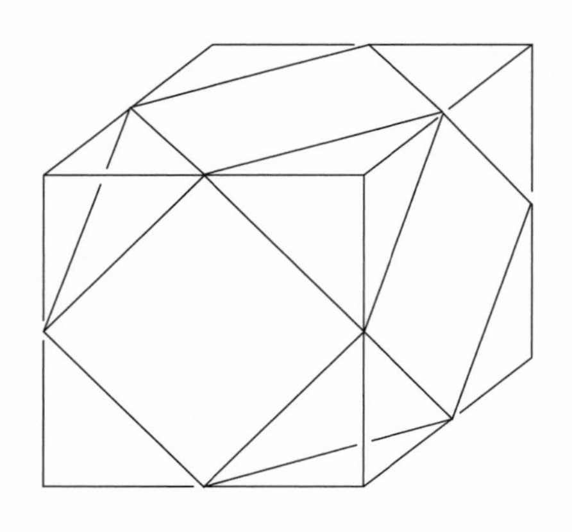

図 5-22 立方体から立方八面体へ

この 12 個の点の間の隣接関係は図 5-19 のシュレーゲル図で表すことができる。図 5-22 の 1 つの正方形を大きく広げて、その中に残りの図形を線が交わらないように埋め込むようにして描けばよいのである。

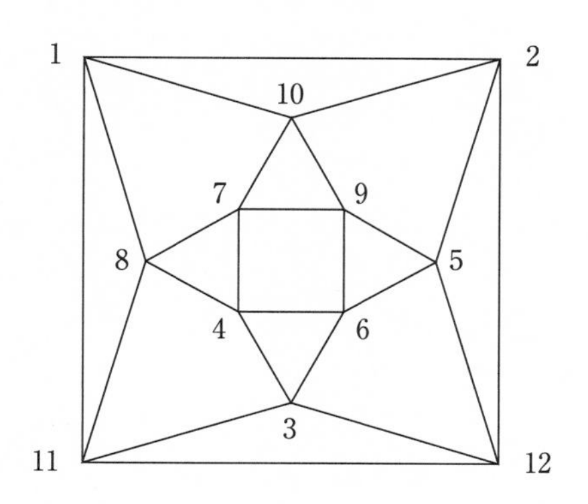

図 5-23　立方八面体のシュレーゲル図

この中の 6 個の四角形の 4 頂点上の数の和はどれも 26 になっている。これも 1 種の立体方陣といってよいであろう。

また 1 から 27 までの異なる数を 3 × 3 × 3 という立方体の格子点に置いた magic cube というものもある。「魔立体方陣」とでも訳そうか。多面体はシュレーゲル図に描くことができるが、このように複数個の多面体をからめ合わせたようなものはシュレーゲル図には描き表せない。

これは縦横高さの合計 27 組の 3 数字の和が 42 になっている。また、中心の 14 の点を横切る 3 枚の面上の合計 6

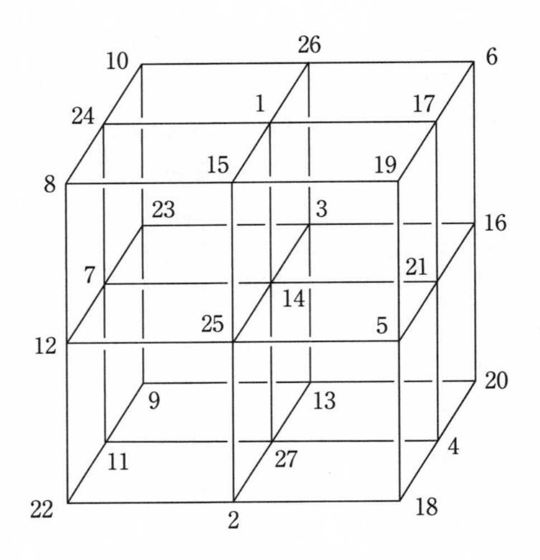

図 5-24 magic cube

本の対角線の和も 42 になっている。さらに、この中心に関して点対称の関係にある 13 組の点の対も $(1,27)$, $(2,26)$, $(3,25)$ というように合計が 28 になっている。唯一の仲間外れの中心点は、その半分の 14 で、めでたしめでたしである。

魔方陣の最後に、4 次元の立方体の magic 4D-cube を紹介しよう。

この 24 枚（第 2 章の表 2-1 を参照）の正方形上の各 4 数の和は 34 になっている。また $(1,16)$, $(2,15)$, $(3,14)$, $\cdots$, $(8,9)$ という和が 17 になる点の対は、どれも互いに 4 歩の関係、つまり最遠の関係になっている。

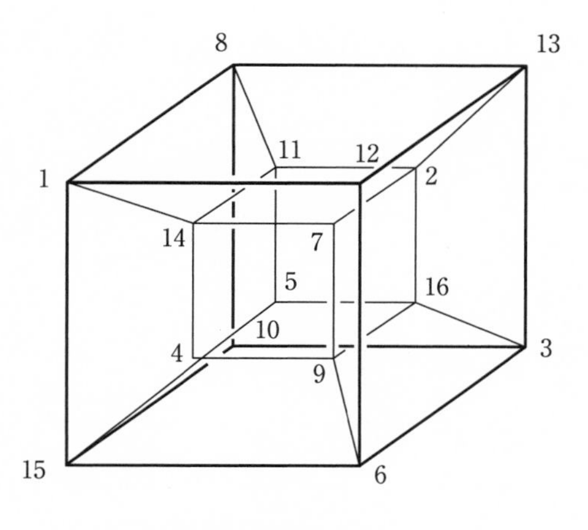

図 5-25　magic 4D-cube

5-4
面積魔方陣

最近魔方陣マニアの間で「面積魔方陣（area magic square）」というのが話題になっている。米国のウォーキングトン（William Walkington）という人が2017年の末に図5-26のようなパターンを公表した。

そこには1つだけ三角形が混ざっているが、それと残りの8つの四角形の面積比が有名な図5-1の魔方陣になっているのである。

すると、次々と反響が広がってその数ヵ月後には、ドイツの数学者のトランプ（Walter Trump）が、4本の直線で区切られた9つの四角形の面積比が5から13までの1つ

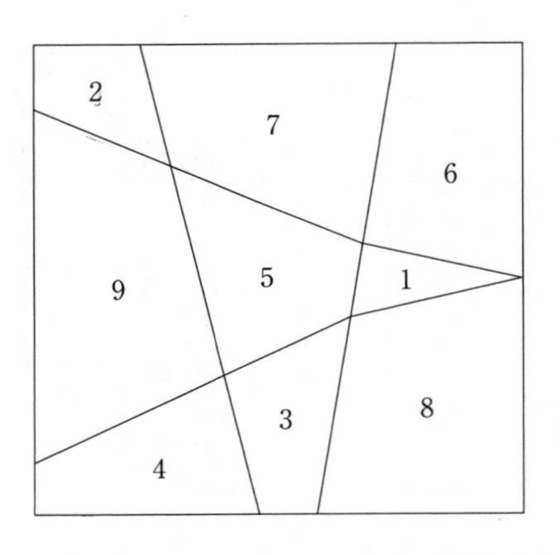

図 5-26 ウォーキングトンの面積魔法陣

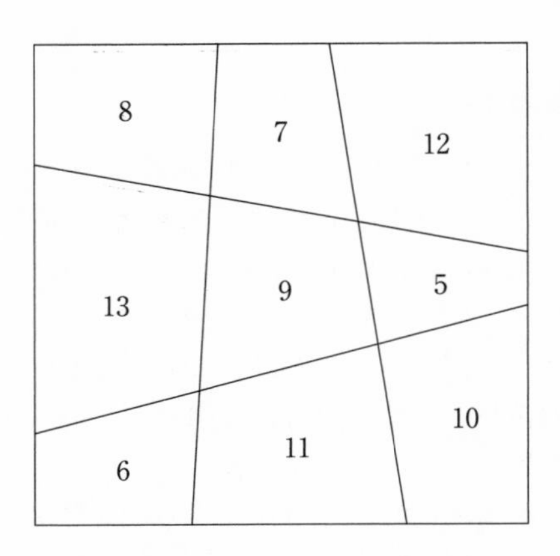

図 5-27 トランプの面積魔法陣

違いの9数からできる3方陣になっているという素晴らしい作品を公表した。

これは、図5-1の3方陣の各数に4を足してできたもので、各行、各列、対角線上の和が27になっている。理想的には、図5-26を改良して、図5-27型のものがほしいところだが、未だ誰も成功していないようである。読者もネット上の最新情報に注目してみてはいかがだろうか。

5-5 平方数

英語のsquare（スクエア）という言葉には、「正方形」、「四角」、「（四角い）広場」の次に、「2乗」、「平方」という意味がある。したがってsquare numberは「平方数」、「2乗数」である。

下の図のように、正方格子上に1, 3, 5, 7, $\cdots$ という奇数個の石を順に置いていくと、

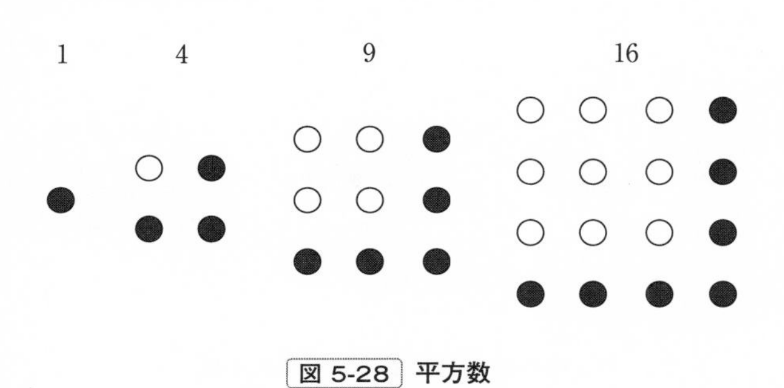

図5-28 平方数

$$1+3+5+\cdots+(2n-1)=n^2 \tag{5.1}$$

のように「平方数」が得られる。

初等数学で「数学的帰納法」の例題として、上の (5.1) の証明が引き合いに出されることが多いので、思い出してほしい。

この平方数を 1 から n^2 まで足すと、

$$1^2+2^2+3^2+\cdots+n^2=\sum_{k=1}^{n}k^2=\frac{1}{6}n(n+1)(2n+1) \tag{5.2}$$

という公式が得られる。この結果は、1, 5, 14, 30, 55, 91, 140, 204 と続く「四角錐数」、または「ピラミッド数」になる（図 5-29 を参照）。

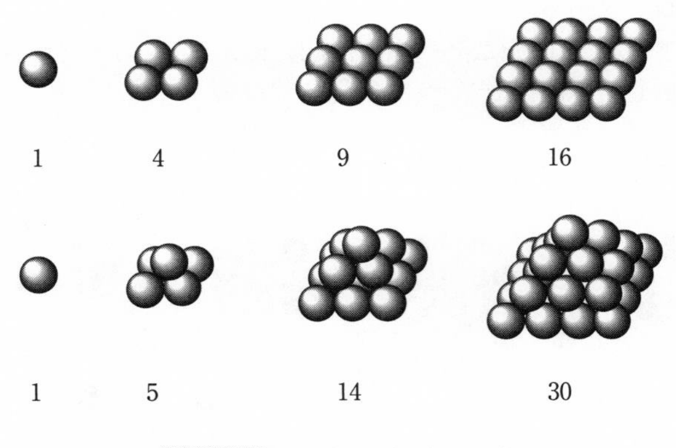

図 5-29 平方数とピラミッド数

さらに、平方数の逆数を無限に足していくと

$$\frac{1}{1^2}+\frac{1}{2^2}+\cdots+\frac{1}{n^2}+\cdots=\sum_{k=1}^{\infty}\frac{1}{k^2}=\frac{\pi^2}{6} \qquad (5.3)$$

という面白い結果が得られる。この式は、17 世紀の中頃バーゼルの未解決問題として出されたのを、90 年後の 1735 年にドイツの大数学者オイラー（Leonhard Euler 1707–1783）が巧みな方法によって解決したものである。それから 300 年近く経ったつい最近、まったく別の発想からの解法も見つかって話題になった。興味ある読者には、ネット情報で調べることをお薦めする。

5-6 四平方定理

フランスの有名な数学者ラグランジュ（Joseph-Louis Lagrange 1736–1813）の四平方定理というものがある。それは、「すべての自然数は、高々 4 個の平方数の和で表される」というもので、たとえば、

$$13=3^2+2^2=2^2+2^2+2^2+1^2$$

$$14=3^2+2^2+1^2$$

$$15=3^2+2^2+1^2+1^2$$

$$16=4^2=2^2+2^2+2^2+2^2$$

のように、1〜3 項で表される数もあるが、どんな自然数で

も 5 項は必要ないのである。この定理の証明は長々しくてつまらないので省略するが、いろいろな数について調べると案外面白い局面に遭遇する。たとえば、1935 は

$$
\begin{aligned}
1935 &= 43^2 + 9^2 + 2^2 + 1^2 \\
&= 43^2 + 7^2 + 6^2 + 1^2 \\
&= 42^2 + 13^2 + 1^2 + 1^2 \\
&= 41^2 + 15^2 + 5^2 + 2^2 \\
&= 39^2 + 19^2 + 7^2 + 2^2 \\
&= 38^2 + 21^2 + 7^2 + 1^2 \\
&= 37^2 + 23^2 + 6^2 + 1^2 \\
&= 35^2 + 26^2 + 5^2 + 3^2 \\
&= 34^2 + 27^2 + 7^2 + 1^2 \\
&= 33^2 + 29^2 + 2^2 + 1^2 \\
&= 31^2 + 31^2 + 3^2 + 2^2
\end{aligned}
$$

のように、4 項で表す方法はたくさんあるのに、それ以下の項数では表されない。ところがその前後の数では、

$$1933 = 42^2 + 13^2 = 40^2 + 18^2 + 3^2$$

$$1934 = 43^2 + 9^2 + 2^2 = 42^2 + 13^2 + 1^2 \text{ 他}$$

のように 4 項で表すことができなかったり、

$$1936 = 44^2$$

のように１項で済んだりしてしまう。自然数の不思議な性質である。

5-7 Hosoya's Triangle

４つの１を
1
1　1
1
のように四角に配置して、斜めに続く２数の和をその下に書いていくと下のような数三角形ができる。

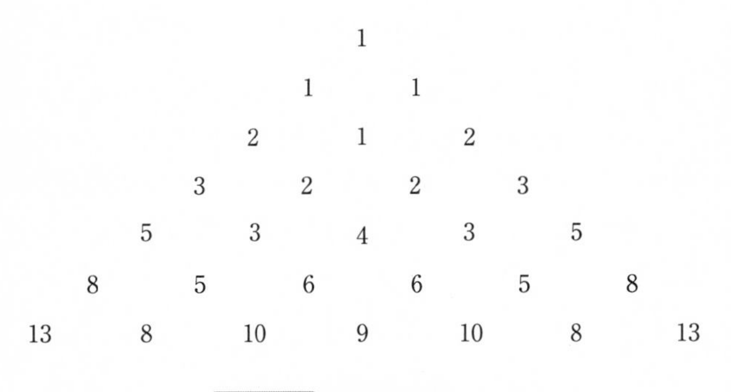

図 5-30　Hosoya's triangle

フィボナッチ数列とその整数倍の数列がずらずらと並んでいるのがわかるであろう。後に示すように、この数三角形は面白い数学的性質をいろいろともっている。そういう論文を著者は “Fibonacci triangle” という名前をつけて発表した。

H. Hosoya, *Fibonacci Quarterly*, **14** (1976), pp.173–179.

それから20年以上経ってから、コシーという米国の数学者がフィボナッチ数についての分厚い本を出して、それがその分野での標準的な教科書になった。ところがその本の中で彼はわざわざ1章を設けて、この三角形のことを "Hosoya's triangle" と紹介してくれたので、今では諸外国の数学者たちもそう呼んでくれているのだ。大変名誉なことである。

T. Koshy, "Fibonacci and Lucas Numbers with Applications," Wiley, New York, 2001, Chapter 15, Hosoya's Triangle, pp.187–195. 2017年に第2版.

性質 i)（魔法のダイヤモンド）この中のどこでもよいから、てっぺんの4つの1のつくる菱形と同じ大きさの菱形を選び、その4数に下のような4つのパターンの符号をつけてその和をとると、上下左右の4数が得られる。

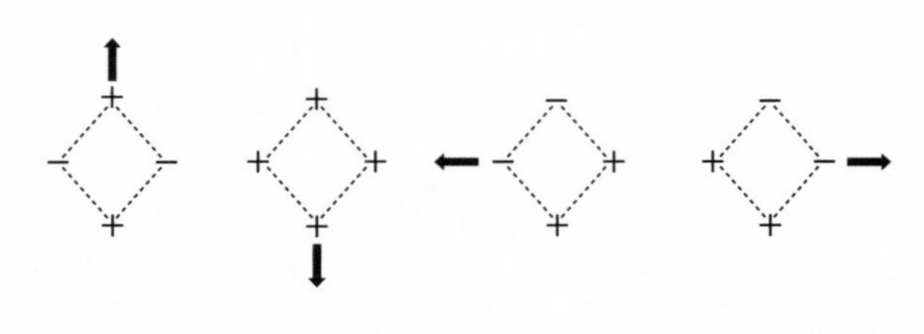

図 5-31 魔法のダイヤモンド

次に実例で示した。

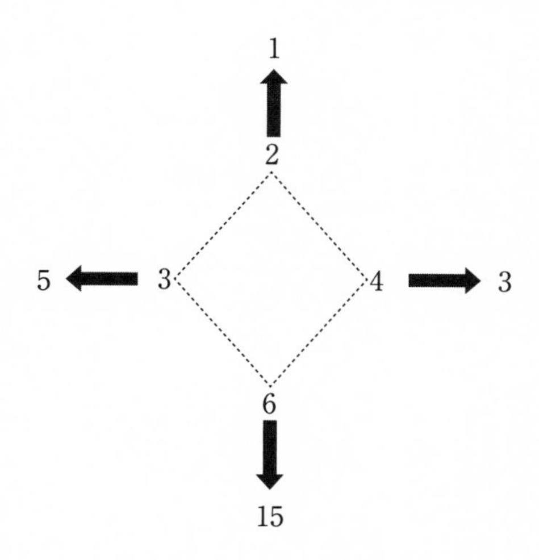

図 5-32　魔法のダイヤモンドの例

性質 ii)（アメーバ）菱形が複数個縮合した平行四辺形（菱形も含む）を考える。その上下の 2 頂点の数の積は、左右の 2 頂点の数の積に等しい。

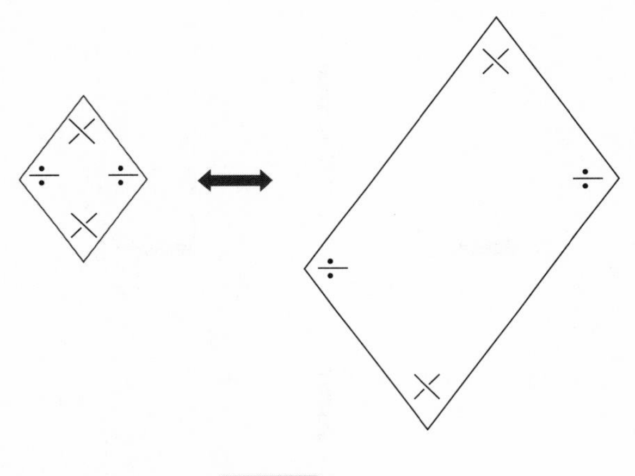

図 5-33 アメーバ

これも実例を下に示す。

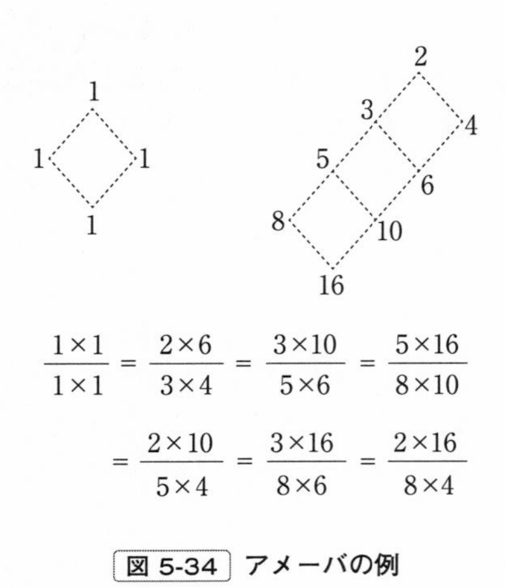

図 5-34 アメーバの例

性質 iii)（カニの横ばい）下に凸の（最小）三角形を考える。その頂点上の 3 数の和は、その三角形を図 5-33 の上のように横ばいさせても変わらない。上に凸の三角形の場合は、その頂点の数だけマイナスを付けると、図 5-35 の下のように横ばいさせても変わらない。

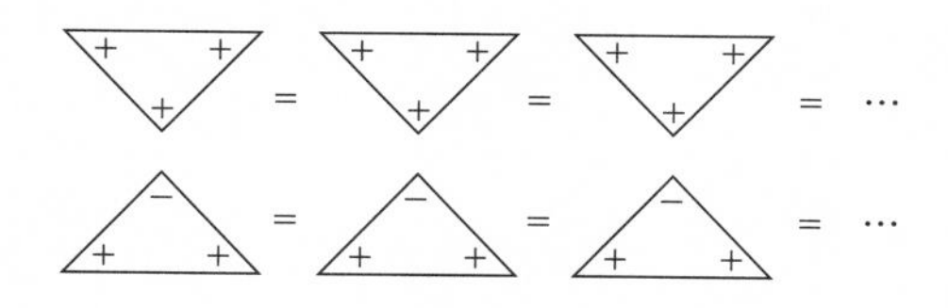

図 5-35　カニの横ばい

具体的に下の例で確かめてほしい。

8　5　　5　6　　6　6
　8　 ＝ 　10　 ＝ 　9　 ＝ 21

　−5　　　−3　　　−4
8　5 ＝ 5　6 ＝ 6　6 ＝ 8

図 5-36　カニの横ばいの例

性質 iv)（転がる亜鈴）図 5-30 の中のどの数字も、その真下にくる数字は 2 行下のものである。そういう対を右左に転がしていったときに、それらの対の 2 数の和は図 5-37 のように不変である。また、こういう亜鈴の 2 数の和はフィボナッチ数のどれかになっている。

この 4 つの性質の他にも、面白い数学的な性質がいくつ

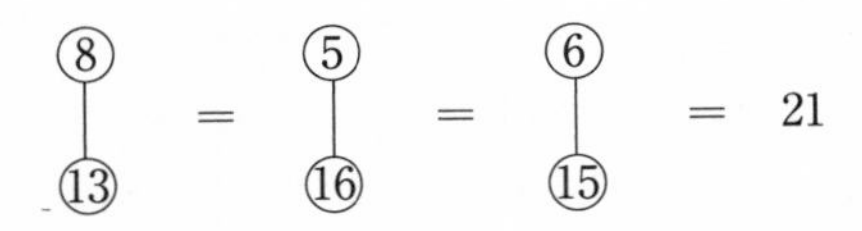

図 5-37 転がる亜鈴

もあるのだが、ここでは省略する。興味ある人は原報を見てほしい。

5-8 数独

今世界中どこでも Sudoku といえば、日本では「数独」または「ナンプレ」と呼ばれている 9 × 9 ますの数字のゲームのことを指す。その一例の問題と解答を図 5-38 に示した。

9 行 9 列及び 3 × 3 の正方形ユニットのどれも、1 から 9 までの数が、1 つずつ並んでいる。

ナンプレは Number placement の簡略語だが、じつは 1980 年以降しばらくの間は海外でその名で呼ばれ遊ばれていたのである。しかし、1992 年に鍛冶真起（かじまき）氏が雑誌『パズル通信ニコリ』を通して、ルールをはっきりとさせた上で、この数字遊びは独身者に限るというふざけた命名をしたのがきっかけで世界中でこう呼ばれることになったのである。

この有名なゲームの詳細については、いまさらここに紹介することはしないでおこう。

(a)

		7		2				6
	6		1			2		
4			6				3	
	5	3	8			1	2	
7				9	1			4
	4	1		3		8	5	
1	3		2		8			5
		6	4		3	7		
2				5		4		

(b)

8	1	7	3	2	9	5	4	6
3	6	9	1	4	5	2	7	8
4	2	5	6	8	7	9	3	1
9	5	3	8	6	4	1	2	7
7	8	2	5	9	1	3	6	4
6	4	1	7	3	2	8	5	9
1	3	4	2	7	8	6	9	5
5	9	6	4	1	3	7	8	2
2	7	8	9	5	6	4	1	3

図 5-38　数独 (a) 問題の一例 (b) その解

世界選手権大会も 2006 年から始まっているが、今のところ日本は国別の優勝回数も最多で、その後を中国、チェコ、ドイツが追っている。森西亨太氏は 2020 年の時点で最高の 4 回の個人優勝という偉業を果たしている。

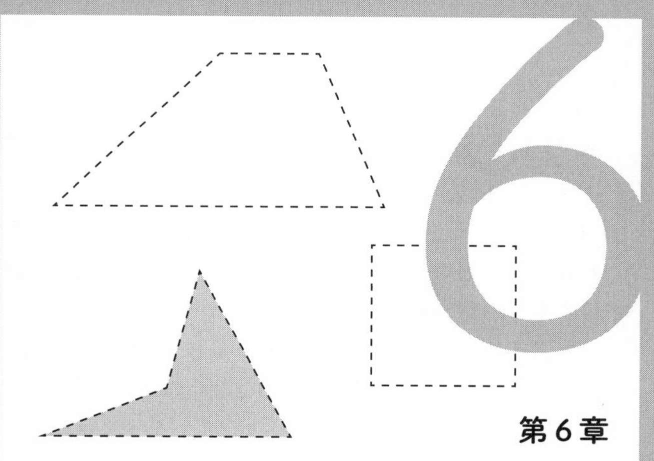

第６章

四角形をふくらませる

6-1
折り紙から立方体

すでに第2章で、3次元の正方形が立方体であることを説明した。この章では、四角形を3次元的にふくらませてできる多面体の中で、1種類の合同な四角形だけからできているものを紹介する。

まず立方体から。よく知られているように、正方形を6枚、図6-1のようにつなげて折りたためば立方体ができ上がる。

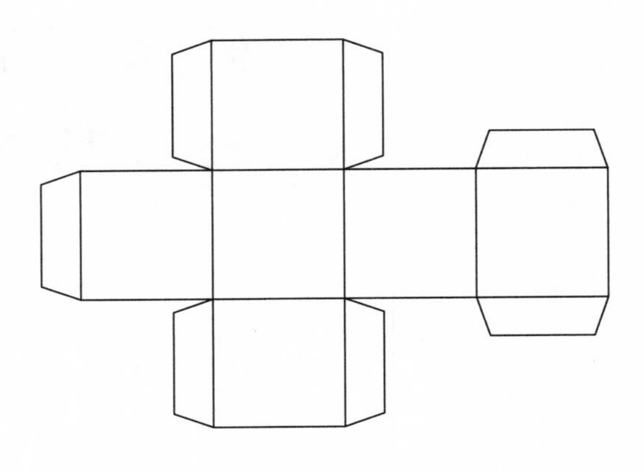

図6-1 立方体の展開図

実際にこれをつくるためには「のりしろ」をつけたり、セロハンテープを使えばよいが、ここでは自己宣伝も兼ねて、2枚の正方形から立方体が組み上がる“Hosoya cube”を紹介しよう。

その特徴は、どの面も折り目も重なりもない1枚のまっさらな面になっているので、その面に好きな絵や図を描けば、立体的な模型やおもちゃができるという趣向である。この折り方は、日本の有名な折り紙作家が英語の本に“Hosoya cube”として紹介してくれたので、国際的にもこの名で知られている。著者の知らない外国人がHosoya cubeの折り方をYouTubeで紹介してくれているので、興味ある読者はそれものぞいて見てほしい。

図 6-2　Hosoya's cube

図6-2は著者のつくったものではなく、かなり以前から別の外国人がネット上に紹介してくれているものである。そのつくり方はごく簡単である。図6-3のように、同じ大きさの2枚の正方形を穴の空いた箱形に折って、互い違いに差し込むだけである。ただこのときには、完成品を頭に浮かべながら、慌てず慎重にやるとうまくでき上がる。

じつは図6-3も、また別の外国人がネット上で紹介して

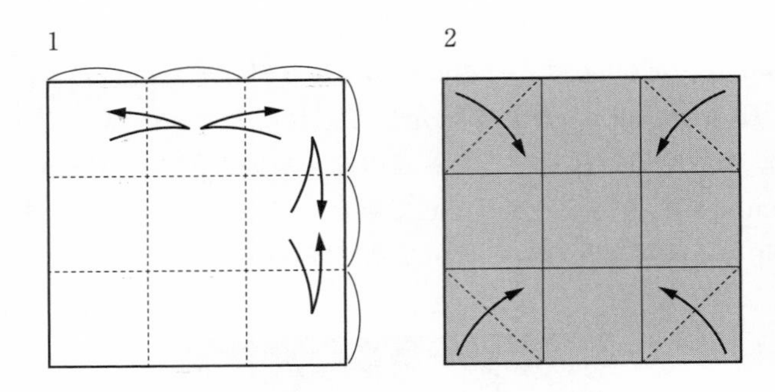

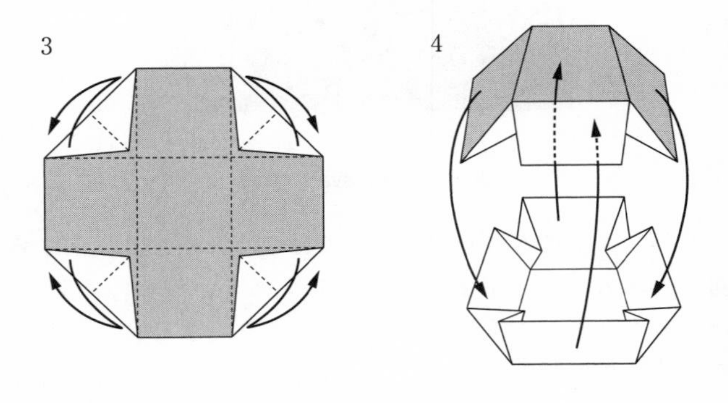

図 6-3 Hosoya's cube の折り方

くれたものである。この人は脳科学者のようで、人間の脳の六面図を描いて脳の説明に使っているようである。このように、Hosoya cube はずっと前から生みの親を離れて世界中を一人歩きしている。

6-2 サイコロの美学

我々のいちばん身近にある立方体はサイコロであろう。一の目は大きく凹んで真っ赤に塗ってあるのが普通だが、その起源や由来は不明だそうである。しかし、凹みを大きくしてあるのは、どの目も同じ確率で出るように考えたからであろう。そして、古来正統的な（？）「丁半博打」の人たちは、「一天地六三南四北五東二西」という図 6-4 (a) のように彫られたサイコロでないと使わない。

上下・左右・前後の目の数の合計が7になるような方法はもう一つあるが、それとは「右手と左手」のような鏡像関係にある図 6-4 (b) のようなものである。そこに描かれている1と2と3のパターンも日本古来の伝統的なものである。しかし、最近は中国をはじめ、諸外国製のサイコロが市場に多く出回っているので、目の打ち方が少し違ったり、4にも赤が使われていたりで、だいぶ混乱しているのが現状である。それでも我々としては、我が国古来からの伝統にのっとった図 6-4 (a) を重んじたい。

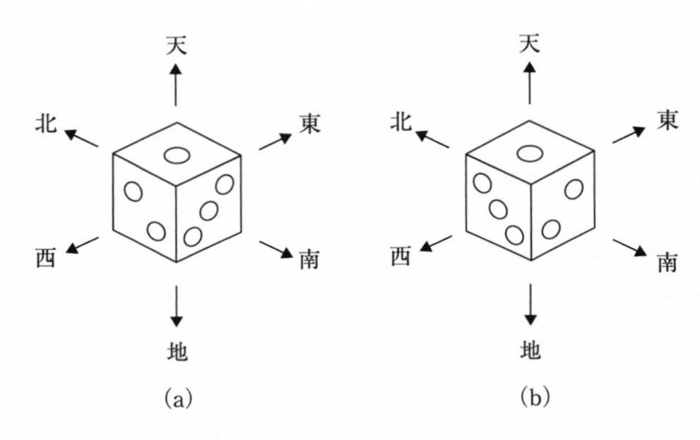

（見えない面は反対側と足して7になる数）

図 6-4 正統的なサイコロの目

6-3 立方体をゆがめる。(1) 菱形六面体

コンニャクのようにぶよぶよしている立方体を考えよう。上面の1つの角を外側に押してやると、上面の正方形が菱形のようにゆがむだけでなく、側面から下面の正方形もみな菱形に変わるので、合同な菱形6枚からなる「菱形六面体」が生じる。ただし、これには図6-5のような尖(とが)った（acute）Aと膨らんだ（obtuse）Oという2種類が可能である。菱形の鈍角が120°を超えるとA型しかできない。

これらのことを実感するために、縦長の封筒でこれらをつくってみよう。たとえば、図6-6(a)の角度θを50°に

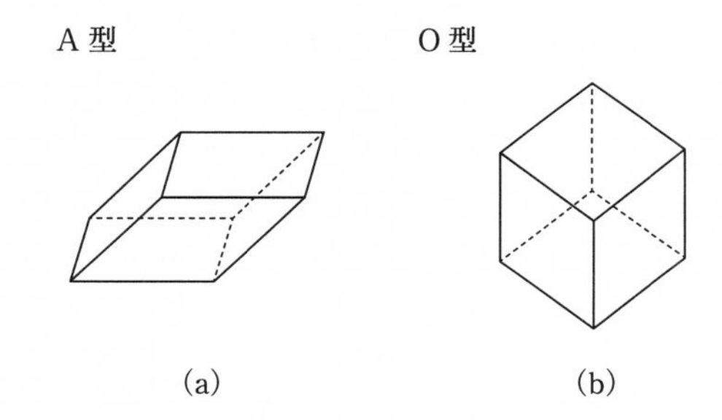

図 6-5　菱形六面体の A 型と O 型

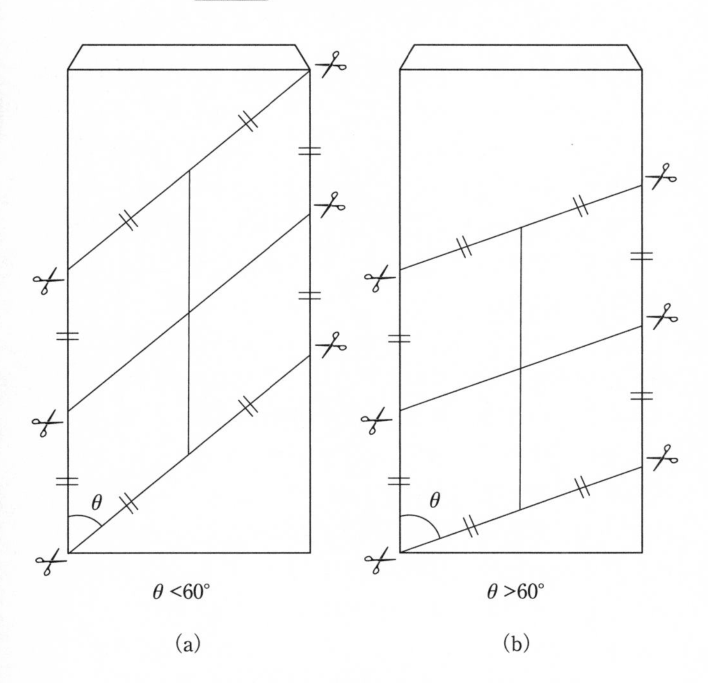

図 6-6　長封筒から菱形六面体の A 型と O 型

して、菱形 4 枚の筒を 2 個組み合わせると簡単に A 型の菱形六面体が組み上がる。さらにもう一つの筒をはめてやると一気に強度が安定する。同じように、この 2 個の筒から O 型もでき上がる。ただし、この菱形は 120° を超える角をもっていてはいけない。だから図 6-6 (b) の封筒からは A 型しかできない。

6-4 立方体をゆがめる。(II) スキュー・ダイス

立方体をゆがめるまったく別な方法がある。数学的にはかなり厄介なことがあるので、読者はとりあえず図 6-7 のような図を厚紙に作図して、それを切り抜いて別の六面体をつくってみるとよいだろう。そこには念のため「のりしろ」も描き加えてあり、切り抜いた厚紙の直線部分に軽くカッターで筋をつけてやると、組み上げも楽だし、仕上がりもきれいになる。

この六面体は、俗に “Skew Dice” と呼ばれている「ゆがんだサイコロ」である。じつはサイコロの英語は縁起の悪い “die” いうのが単数で、その複数が “dice” なのだが、ここでは 1 個でも「ダイス」で勘弁してほしい。米国のあるサイコロ・メーカーが右向きと左向きの一対を Skew Dice の名で売り出しているのが有名だが、どういうわけか、多面体の数学的な解説書にはほとんど紹介されていない。しかしどの面も中心から等距離にあり、サイコロの資格を十分にもっていることは数学的に保証されている。

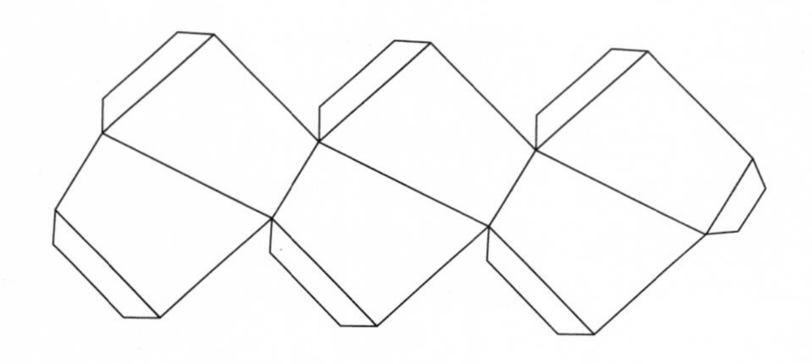

図 6-7 スキュー・ダイスの準備

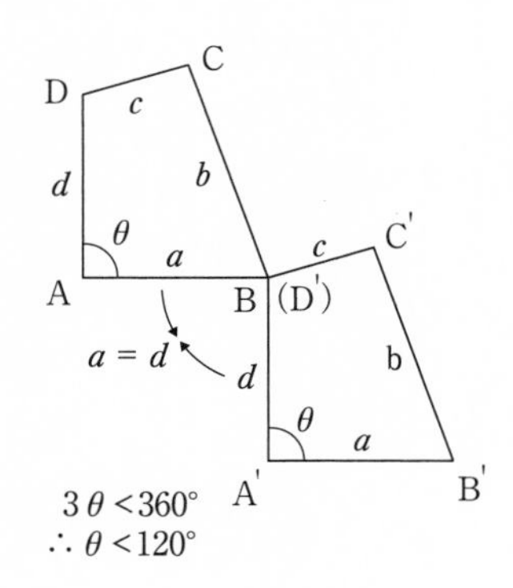

$a = \mathrm{d} = 30\mathrm{mm}$

$b = 35\mathrm{mm}$

$c = 18\mathrm{mm}$

$\angle \mathrm{A} = \theta = 90^\circ$

$\angle \mathrm{B} = 70^\circ$

$\angle \mathrm{C} = \angle \mathrm{D} = 100^\circ$

図 6-8 スキュー・ダイスの条件

ただし、どんな四角形でも図 6-7 のように作図すれば skew dice ができるわけではない。この図からのりしろを削ったパターンを周期的につなげていけば、すでに第 1 章で紹介したようにどんな四角形も平面充塡ができることが示されるではないか。しかし、図 6-7 が六面体になるためには、a と d という隣り合った 2 辺の長さが等しくなければならない。さらに a と d の間の角 $\angle \mathrm{A} = \theta$ が 3 つ一点に集まるのだから、その角度は 120° を超えてはならないという条件も必要となる。

この条件は、図 6-7 の四角形を正方形、あるいは菱形に置き換えた場合にも成り立っているのである。つまり、Skew Dice と立方体と菱形六面体は同じ仲間だったといえる。

図 6-7 は、図 6-8 で得られた条件を満たすと同時に、読者の作図が楽なように選んだ数値を使って描いたものである。ぜひ、実感してもらいたい。

6-5 多面体の系譜

ここで多面体の系譜のさわりの部分を簡単に説明しておこう。

1 種類の合同な正 m 角形がどの頂点にも同じ数 n だけ集まってできている多面体を正多面体といい、$\{m, n\}$ という（シュレーフリの）記号で表す。それらは周知のように、正四面体 $\{3, 3\}$、立方体 $\{4, 3\}$、正八面体 $\{3, 4\}$、正

十二面体 $\{5,3\}$、正二十面体 $\{3,5\}$ の5種で、総称「プラトンの多面体」とも呼ばれている。なお、多面体を簡略に表すためにシュタイナーの記号というものも使われることがある。それによれば、これらの正多面体はそれぞれ、3^3、4^3、3^4、5^3、3^5 と表される。

さて、正多面体の名前と $\{m,n\}$ がわかれば、その頂点 (V)、辺 (E)、面 (F) の数は図を見なくても簡単に求まる。たとえば、正十二面体ならば、まず $F=12$ である。次に m 角形が F 枚で各辺は2面で共有されているのだから、それを2で割ればその多面体の辺の数になるので $E=\dfrac{Fm}{2}=30$ が得られる。V のほうは同様な考え方から $V=\dfrac{Fm}{n}$ となり、$12\times\dfrac{5}{3}=20$ と求まる。この結果を $(20,30,12)$ と書こう。

そうして5種の正多面体を整理した結果が表6-1である。

正多面体	[略号]	$\{m,n\}$	m^n	(V,E,F)
正四面体	[4]	{3,3}	3^3	(4,6,4)
立方体	[6]	{4,3}	4^3	(8,12,6)
正八面体	[8]	{3,4}	3^4	(6,12,8)
正十二面体	[12]	{5,3}	5^3	(20,30,12)
正二十面体	[20]	{3,5}	3^5	(12,30,20)

表6-1　正多面体の各要素の数

この表から直ちに気がつくことは、[6] と [8]、及び [12] と [20] がそれぞれ互いに表と裏のような関係にあること

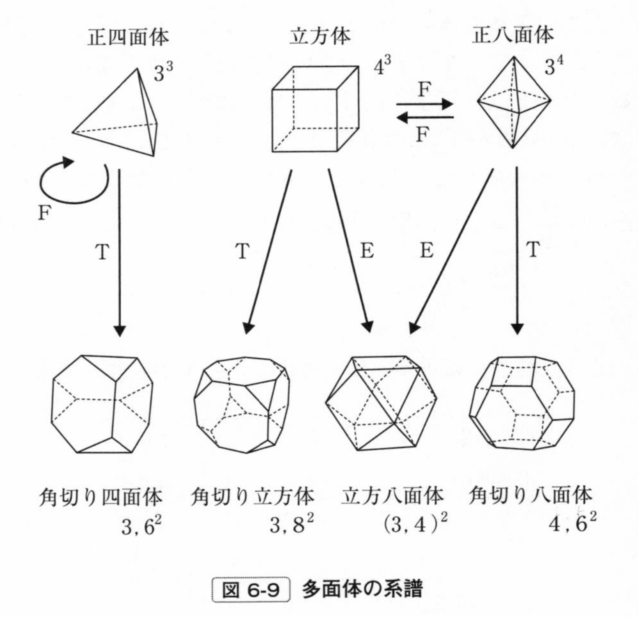
正四面体
3^3
立方体
4^3
正八面体
3^4
F
F
F
T
T
E
E
T
角切り四面体
$3, 6^2$
角切り立方体
$3, 8^2$
立方八面体
$(3, 4)^2$
角切り八面体
$4, 6^2$

図 6-9　多面体の系譜

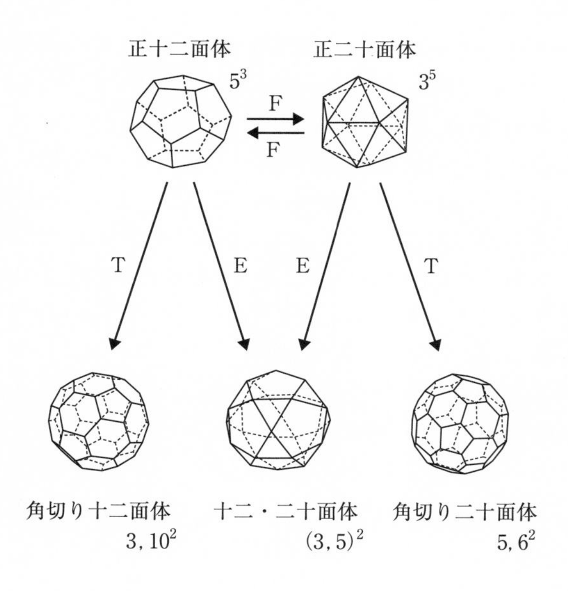
正十二面体
5^3
正二十面体
3^5
F
F
T
E
E
T
角切り十二面体
$3, 10^2$
十二・二十面体
$(3, 5)^2$
角切り二十面体
$5, 6^2$

である。それらの $\{m,n\}$ や m^n の間の関係がそうである。これはこの 2 組の正多面体が、それぞれお互いに双対(dual)の関係にあるからである。すなわち、[6] の隣り合う面の中心（面心）を結ぶと [8] が、逆に [8] の隣り合う面心を結ぶと [6] が生じる。同じような関係は、[12] と [20] の間にも成り立っている。このように、互いに面心切り（$\boldsymbol{F}$）の関係で結ばれている多面体同士は双対の関係にあるという。それに対して、正四面体の双対は、大きさは変わっても同じ正四面体である。

また、互いに双対な正多面体の (V,E,F) の数値を見ると、お互いに V と F の値が逆になっている。これは簡単に納得されるだろう。さらに、面心切り $\boldsymbol{F}$ のために 1 本の辺を引くとき、それと直交する元の多面体の辺を 1 本切り捨てることを考えれば、双対関係にある多面体の E の値が同じだということも示される。

ある多面体の隣り合う 2 辺の中点を順繰りに結んでいき、各頂点周りにできた角錐を切り落とすと別の多面体が生じる。この操作を「辺心切り」（$\boldsymbol{E}$）という。正四面体だけは、辺心切りをしてもまた正四面体に戻ってしまうが、[6] と [8] の辺心切りでは共通の「立方八面体」が、また [12] と [20] からも共通の「十二・二十面体」が生じる。

この 2 種の多面体は、それぞれどの頂点周りも、またどの辺周りも同じなので「準正多面体（quasi-regular polyhedron）」と呼ばれている。

すなわち、立方八面体のどの頂点周りも正多角形が (3,4,3,4) $\Rightarrow$ $(3,4)^2$ のように取り巻き、またどの辺も正三角形と正方形に挟まれている。一方十二・二十面体のほうは、頂点周りが (3,5,3,5) ⇒ $(3,5)^2$ のように、またどの辺も正三角形と正五角形にはさまれている。この2つの多面体は四角形以外の多角形を含んでいるが、四角形だけの多面体を生み出す重要な役をもっているので覚えておいてほしい。表6-2に、この2種の準正多面体の性質をまとめてみた。

名称	シュタイナーの記号	(V, E, F)	角 (枚), 角 (枚)
立方八面体	$(3,4)^2$	(12,24,14)	3 (8), 4 (6)
十二・二十面体	$(3,5)^2$	(30,60,32)	3 (20), 5 (12)

表 6-2　準正多面体の各要素の数

多面体の変換の操作として、面心切り（***F***）と辺心切り（***E***）の他に「角切り」（***T***）というものがある。正四面体 [4] の各辺を3等分して直線で結んでいくと4枚の正三角形が全部正六角形に変わり、4頂点周りの正三角錐を切り落とすと、図6-9に示したような「角切り四面体」ができる。この頂点周りは $3,6^2$ で同じだが、辺は 三角−六角 と 六角−六角 の2種類に分かれる。このように、頂点周りは同じでも、辺の環境が2種類以上になっている多面体を「半正多面体（semi-regular polyhedron）」と呼ぶ。

残りの4つの正多面体の角切りによっても、表6-3のようにそれぞれ別の半正多面体が生じる。

いずれも四角形だけでおおいつくす多面体には関係ないが、その中で、正二十面体 [20] から生じる「角切り二十面

角切り四面体	$3,6^2$	(12,18,8)	3 (4), 6 (4)
角切り立方体	$3,8^2$	(24,36,14)	3 (8), 8 (6)
角切り八面体	$4,6^2$	(24,36,14)	4 (6), 6 (8)
角切り十二面体	$3,10^2$	(60,90,32)	3 (20), 10 (12)
角切り二十面体	$5,6^2$	(60,90,32)	5 (12), 6 (20)

表 6-3 5 種類の角切り多面体

体」だけをここでは紹介しよう。この [20] の正三角形のすべてに 3 等分の角切りを行えば、正六角形 20 枚が生じる。そのとき、12 個の頂点周りには正五角錐ができているので、それらを切り落として残るのが「サッカー・ボール」である。どの正五角形の周りにも 5 枚の正六角形がとり囲んでいる。この 60 個の頂点に炭素原子 C が入ってできた C_{60} という安定な分子（フラーレン）を発見した英米の 3 人の化学者はノーベル化学賞を受賞した。

昔は英語の truncated icosahedron を「切頭二十面体」と訳していたが、連想が悪いので、今は「角切り」あるいは「切頂二十面体」というようになっている。

じつは表 6-3 以外に、2 種類以上の合同な正多面体が、どの頂点周りにも同じように取り囲んでできる半正多面体が 8 種類も存在するのだが、煩雑になるのでここでは紹介しない。興味ある読者は自分で調べてほしい。

本節の最終目標は、同一な四角形だけで球状にとり囲む多面体の紹介なのだが、正多面体と準及び半正多面体の中には立方体しかなかった。これ以外の球状のものは「菱形多面体」と「凧形多面体」である。

6-6
オイラーの公式

菱形多面体と凧形多面体を紹介する前に、「オイラーの多面体の公式」について説明をしておきたい。この式の書き方はいく通りもあるが、

$$E = V + F - 2 \quad \text{（オイラーの多面体の公式）} \qquad (6.1)$$

が覚えやすいだろう。すなわち、「線は帳面に引け」という覚え方である。

たとえば、表6-1の[20]について見れば、「帳」の$V = 12$と「面」の$F = 20$を足して2を引くと30になる。それが「線」の$E = 30$になるというわけである。じつはこの公式はすべての多面体について成り立つ大事な式なのである。では、なぜわざわざ「多面体」という言葉を入れるかと言えば、彼が見つけた公式の数はたくさんあって、トラック1台分もあるというジョークからきているようである。

6-7
菱形多面体

前に紹介した菱形六面体は、図6-5のAもOも球状ではない。ここに紹介する「菱形十二面体」と「菱形三十面体」の2種が球状で、しかも前者はそれだけで3次元の空

間充塡が可能という優れものである。

この菱形十二面体は立方八面体の面心切り（$\boldsymbol{F}$）で、菱形三十面体のほうは十二・二十面体の面心切りで生じ、それぞれの組が双対の関係になっている（図 6-10）。

しかし、このいずれも頂点周りの状況は 2 種類なので「準」、「半」のどちらの正多面体でもない。その代わり、1 つの菱形の 4 頂点を一回りすると、その次数がそれぞれ $(3,4,3,4)$ 及び $(3,5,3,5)$ となっているので、元の多面体の $(3,4)^2$ と $(3,5)^2$ にしたがって、それぞれ $\mathrm{V}(3,4)^2$ と $\mathrm{V}(3,5)^2$ と書かれることがある。

名称	シュタイナーの記号	(V,E,F)	菱形の角度
菱形十二面体	$\mathrm{V}(3,4)^2$	$(14,24,12)$	$70°32'$, $109°28'$
菱形三十面体	$\mathrm{V}(3,5)^2$	$(32,60,30)$	$63°26'$, $116°34'$

表 6-4　2 種の菱形多面体

菱形十二面体のほうは、前述のように空間充塡可能なので、実際にもいろいろな鉱物の結晶がこの形をとることが知られている。縦長の封筒に図 6-11 (a) のような作図をして切り抜けば、簡単にこの多面体を組み上げることができる。原理的には筒が 2 個で組み上げられるが、補強のために 3 個目の筒をはめると、驚くほどしっかりした菱形十二面体が糊を使わずにでき上がるので、やってみてほしい。

同じように、図 6-11 (b) のような作図をすれば、5 本の筒で菱形三十面体を組み上げることができる。こちらのほうは少々難しいが、落ち着いて作業をすればきれいな多面

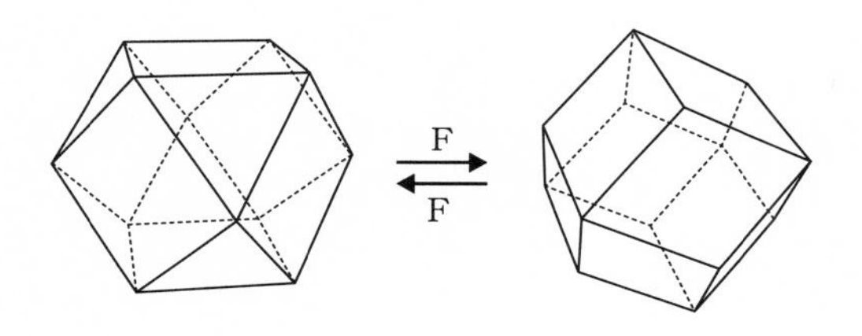

菱形十二面体
$V(3,4)^2$

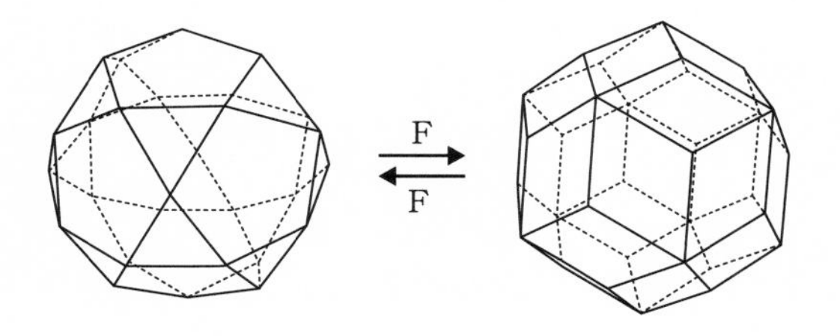

菱形三十面体
$V(3,5)^2$

図 6-10　菱形十二面体と菱形三十面体

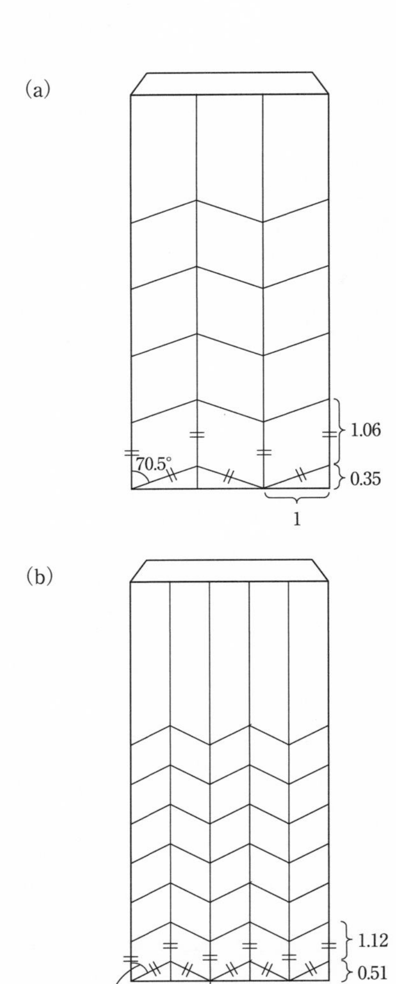

図 6-11 長封筒から菱形十二面体と菱形三十面体をつくる

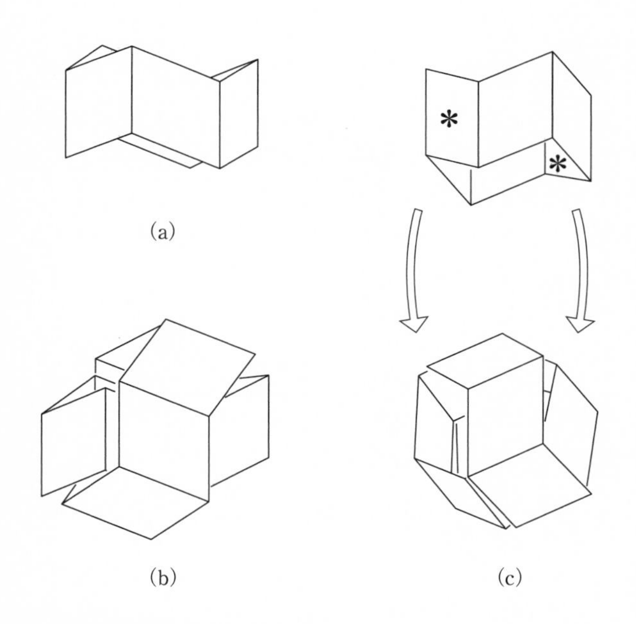

図 6-12　菱形十二面体のつくり方
(a) 紙筒を輪にする (b) ２つの輪を重ねる (c) ２ヵ所に菱形のすき間があるので、３枚目の輪（＊）でそこをふさぐ

体ができ上がる。最近は、この菱形三十面体のサイコロも売っているので探してみてほしい。

6-8 凧形多面体

図 6-13 には、「凧形二十四面体」と「凧形六十面体」を示してある。それらの凧形は少し違うが、どちらも 1 種類の合同な凧形の四角形が球状にとり囲んでできている。どちらも頂点周りは 2 種類で、1 つの凧形の四角形周りの頂点の次数は表 6-5 のようになっている。

名称	シュタイナーの記号	(V, E, F)	凧形の向かい合う角度
凧形二十四面体	$\mathrm{V}3, 4^3$	$(26, 48, 24)$	$81°35', 115°16'$
凧形六十面体	$\mathrm{V}3, 4, 5, 4$	$(62, 120, 60)$	$67°47', 118°16'$

表 6-5　2 種の凧形多面体

では、これらの多面体はどのようにしてできたのだろうか。六十面体のほうはだいぶ複雑なので、二十四面体のほうだけ説明する。立方八面体と十二・二十面体のどちらも、面心、辺心と角の 3 通りの切り方で素性のよい多面体を生じる。面心切りから菱形多面体が生じることはすでに説明した。次に、立方八面体に辺心切りをすると、斜立方八面体というものが生じる。

この (V, E, F) は $(24, 48, 26)$ で、正方形 18 枚と正三角

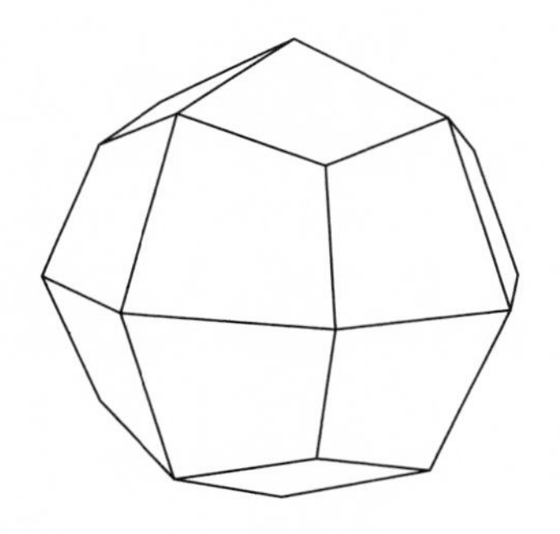

凧形二十四面体

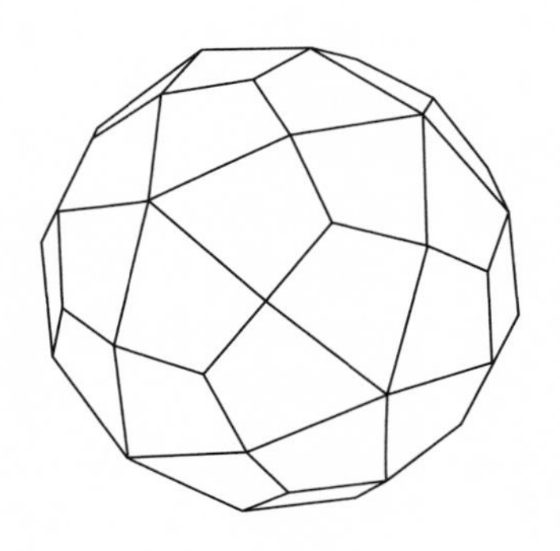

凧形六十面体

図 6-13　**凧形二十四面体と凧形六十面体**

形 8 枚からできていて、各頂点周りの多角形は $3, 4^3$ となっている。この多面体の面心切りをすると凧形二十四面体が生じるのである。24 枚の合同な凧形だけからできているこの奇妙な形の結晶の鉱物が自然界に見つかっている。これは不思議なことに感じられるかもしれないが、この形が力学的に安定だからこそ自然界に存在し得るのである。

ところで、この凧形二十四面体を球状にふくらませると、図 6-15 のようなバレーボールの球に似たものになる。この実線の部分は立方体をふくらませた形で、破線部分は正八面体をふくらませた形になっている。つまり図 6-14 のような複雑なプロセスを経なくても、直感的に凧形二十四面体の構造が理解されるであろう。

同じようなことは凧形六十面体にも当てはまる。すなわち、図 6-13 の凧形六十面体をながめていると、正五角形が 12 枚の正十二面体と、正三角形が 20 枚の正二十面体の 2 つの立体が交差しているように浮かび上がってくるではないか。これらのことを数学的に厳密に記述することは案外厄介なことではあるが、直感的な理解だけでこの場はよしとしよう。さらに言えば、凧形二十四面体（deltoidal icositetrahedron）をひとひねりすることによって、凧形の配列の少し異なる pseudo-deltoidal icositetrahedron という仲間ができるのだが、詳しいことは省略しよう。

このように、平面の四角形を 3 次元の世界にふくらませると、次々と新しいことが出てくるのは楽しいが、頭の中の整理がつきにくくなってくるのでこの辺で止めておこう。

図 6-14　立方八面体から凧形二十四面体へ

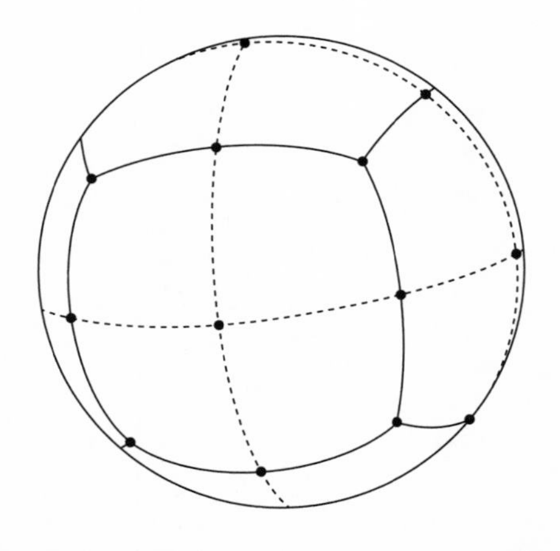

図 6-15 凧形二十四面体を球状にふくらませる。実線は立方体、破線は正八面体

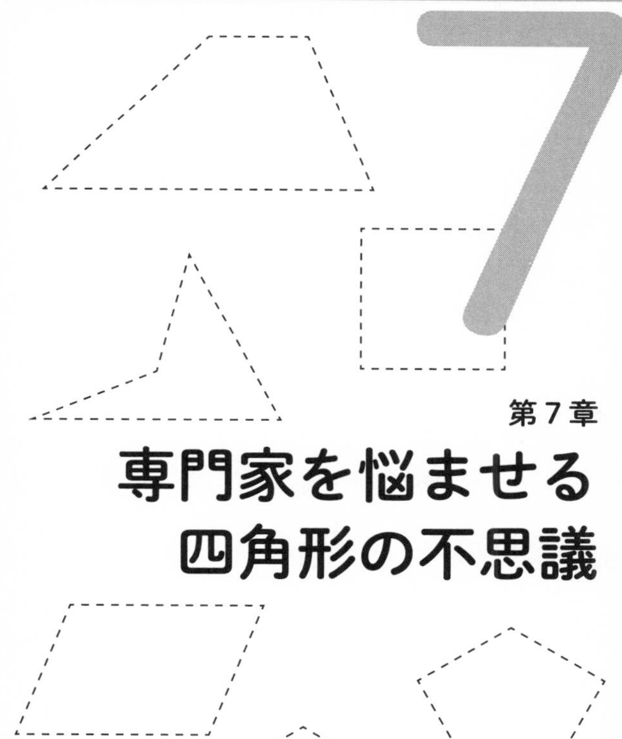

第7章

専門家を悩ませる四角形の不思議

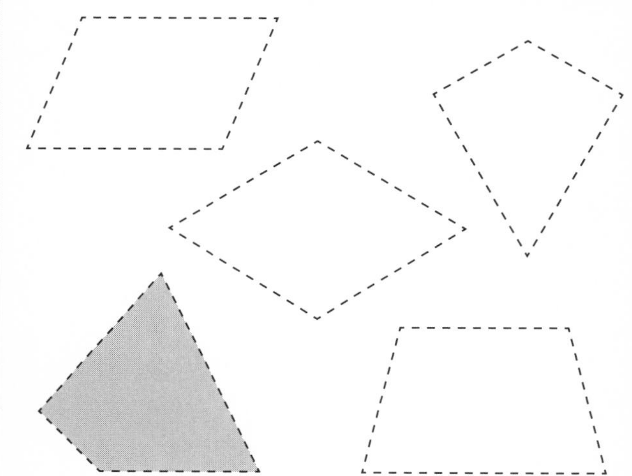

これまでに四角形がらみの図形や数字についてのいろいろな話題をできるだけやさしく嚙み砕いて紹介してきた。一方この四角形は、数学を中心とする自然科学の専門家たちをも長い間悩ませてきたのである。かく言う著者もよく理解できない難しい問題もあるのだが、その雰囲気だけでも読者にわかってもらえるように紹介するので、お付き合い願いたい。

7-1 メビウスの輪

片仮名で「メビウス」と書いてしまうのだが、元は August F. Moebius（1790–1868）というドイツの数学者の名前からきている。“oe” という 2 つの母音の組み合わせで、口先は “o”、舌は “e” を発音するようにして声を出すので、日本人にははなはだ厄介な母音である。ドイツ語では「ウムラウト」と呼ばれる 2 つの点をかぶせて “ö” と書くことが多い。有名な哲人ゲーテ（Johann W. von Goethe 1749–1832）の名もドイツ語では Göthe と書く。戦前の大学生たちの間では、「ギョエテとは俺のことかとゲーテ言い」というざれ言が流行ったそうである。

本題に戻ろう。細長い紙の帯を用意する。これは 1 つの長い長方形と考えてもよいし、正方形を一列につなげた図形と考えてもよい。とにかく平面上の四角形である。その両端を素直に糊付けすれば、ハチマキ状の輪ができる。その外側と内側ははっきりと区別されている。

次に、別の細長い紙の帯を 180° ひとひねりして糊付けしてできた輪の表面の１点から帯をたどって線を引いていこう。すると、描き始めの点の裏側を通って最後に元の点に「ふた回り」して戻ってくる。

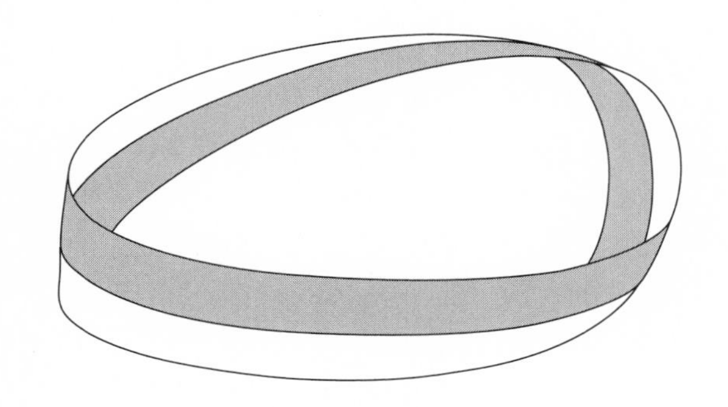

図 7-1　メビウスの輪

このことに気づいた人はいくらでもいたかもしれないが、世間に喚起した最初の人の名をとって付けられた言葉が、「メビウスの輪、または帯（Möbius strip）」である。図 7-1 には、この帯の片側に色付けがしてあるが、その右側をたどって元に戻ってきたときには、反対の左側の縁も全部通っていたのだ。

この裏表のないリボンをただ見て楽しむだけでは能がない。じつは人が気付かないところで大事な役を果たしているのである。１つは、飛行場で飛行機から降りた人が大きな荷物を受け取る場所でぐるぐる回っているベルトコンベアがメビウスの輪そのものなのだ。こうすることによって、消耗の激しいゴムのベルトの裏表を同時に使うことができるので大きな経済効果が生じるわけである。

同様に、最近はあまり使われなくなったが、プラスチック製のカセットテープもこれと同じ理由からメビウスの輪式にできているものがある。ここまではお遊びと実用の両方の面からの話だが、これから先は目先の面白さのカラクリを知るためにちょっぴり頭を働かせる必要が生じる。

初めは少し長めの紙帯を用意して、両端を糊付けするときに片方の端を 360° 回転させてみよう。紙帯を輪にする前にその一面の中央に線を引いておくとわかりやすい。でき上がった輪は無限大の記号の ∞ のように安定した形になっているが、表と裏ははっきりと区別されている。

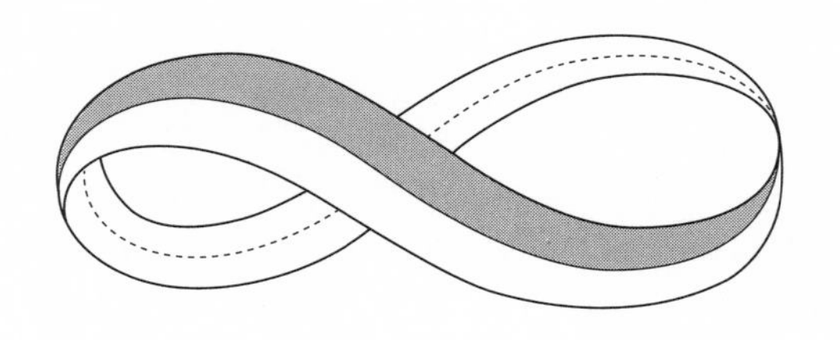

図 7-2 紙帯を 360° ひねってつくった輪

さらにもう 1 枚の紙帯を一ひねり半させて輪をつくると、裏表のないメビウスもどきの輪ができる。結局 180° の奇数回ひねりで裏表のない輪ができ、偶数回ひねりでは裏表のある輪になることがわかる。このことを数学者に語らせると、難しい専門用語がたくさん出てきてわけがわからなくなるのでここは退散することにしよう。

次に紙帯の一面を３等分するように２本の平行線を引いてから、180° ひねりでメビウスの輪をつくってみよう。そのとき、２本の線の間を表裏ともに色付けするか、斜線をたくさん引いておくとよい。そして、平行線の片方にハサミを入れて注意深く切り離してみると、図 7-3 のように、表裏に色付けされたメビウスの輪と、その２倍の長さの 360° ひねりの色のない ∞ 形の輪（自分で確かめてほしい）がからみ合った奇妙なものができているのである。

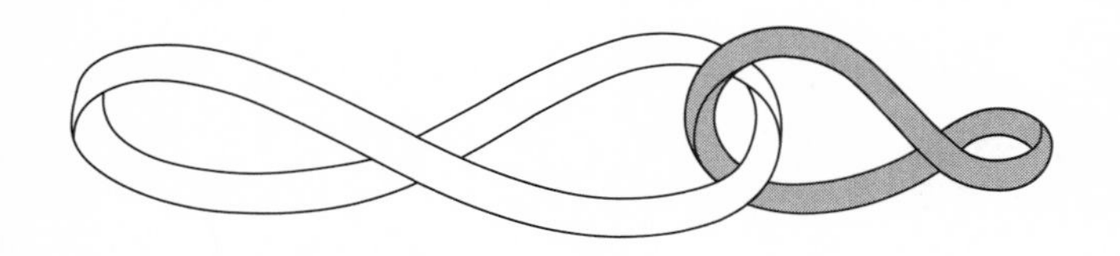

図 7-3　紙帯を３等分する線を引いてからつくる

小さいほうのメビウスの輪は、平行線を引く前の帯の幅を狭めたものと考えられるからそれで容易に納得できる。一方、帯の幅の３分の１のある所にハサミを入れて一回りすると、もう一方の平行線に乗って戻ってきたことがわかる。これは右側の縁と左側の縁が繋がっていることと同じである。そこでもう一回りしてやっとスタートの地点にたどりついたわけで、輪の大きさも２倍に、ひねりも２回になっているのである。このことも数学の専門家は厳密に、かつ難しく議論している。

話はまた現実に戻るが、読者は図 7-4 (a) のようなマークをどこかで見たことがあるであろう。

(a)

(b)

図 7-4 リサイクルマーク

これは通称でリサイクルマークといわれるが、正式には universal recycling symbol という国際的に使われているマークである。環境問題の意識を高めるために米国のリサイクル板紙の大手メーカーが全国の学生対象のコンテストを行い、南カリフォルニア大学の学生だったゲイリー・アンダーソン（Gary Anderson）の作が最優秀作品として選ばれ、今では国際的に用いられている。

なお、このマークの中央の三角形の空白部分の下のほうに何十何パーセントという数値の入っていることがあるが、これはその製品の何パーセントがリサイクル原料かを示している。

アンダーソンの頭の中にメビウスの輪があったからこそ、このマークが考えられたはずであるが、現在我が国で通用している図 7-4 (b) のような環境マークを定めた人たちには、このような数学的な背景など知る由もなかったのではなかろうか。

第2章で、四角形を初めとする $4n$ 員環の不飽和共役炭化水素が不安定ということを紹介したが、環を結ぶ前に180° 一ひねりさせたメビウス型にすると、かえって安定な「メビウス芳香族性」になるという数理化学の難しい理論がある。実際にそういう安定な化合物を東京工業大学の研究グループが合成に成功したという話もあるのだが、理論と実験の詳しい説明はここでは省かせてもらおう。ただここで強調しておきたいのは、メビウスの輪に限らず、単なる数学の世界のフィクションのように見える問題でも、科学の他の分野に何らかのつながりが生じる可能性があるということである。

一方ちまたには「メビウス症候群」という言葉も出回っている。しかしこれはメビウスの輪とはまったく関係がない。同名の医学者が見つけた「先天性の顔面神経麻痺」のことで、無表情や難聴をもたらす難病のことである。

7-2
トーラス

英和辞典で “torus” を引くと、植物、解剖学、建築の専門用語の後に、「(数) 円環面、輪環面、トーラス」という訳語が出ているだけで、どれもチンプンカンプンだ。この数学のトーラスは、3 次元空間内の P という一平面上に半径 R の円を描いてから、その円周上の 1 点を中心として R より小さな半径 r の円を垂直に描き、その小円の中心を大円上に 1 周させたときにできるドーナッツ状の「円環体」の表面のことをいうのである（図 7-5）。要するに穴の空いたドーナッツの表面を滑らかに磨いたものと考えればよいだろう。

このドーナッツを平面 P で真っ二つに割ると半径が $R+r$ と $R-r$ の同心円が見える。このドーナッツの表面には、この 2 つの円の間の大きさの円がいくつも交わらずに平行して描けるし、それらと直交する半径 r の小円がいくつも描ける。それらの間隔を等しくすれば、図 7-5 (b) のように台形のような四角形でトーラスの表面を覆い尽くすことができる。前節のメビウスの輪のように、四角形だけからできる 3 次元曲面の変わり種の 1 つである。

これと同じように、大きな台形と小さな台形をほぼ 10 枚くらいずつ図 7-6 のように組み上げてもトーラスもどきの立体図形ができ上がる。これは穿孔（せんこう）多面体（toroidal polyhedron）と呼ばれる。穿孔というのは、機械的に穴を開けるという意味である。

そもそもトロイド（toroid）というのは、3 次元空間内に 1 本の軸を置き、それから離れた所に置かれた図形をその軸の周りに回転させてできた穴あきの回転体の表面のことをいう。回転軸に平行な辺をもった長方形を選べば、図 7-7 のような図形が生じる。これはトロイドの一種である。

回転させる図形を円に選んでできた回転体がトーラスだから、トーラスもトロイドの一種なのである。

さてこのトーラスは、ゴムのように伸縮のできる平面の長方形 1 枚を丸めてつくることができる（図 7-8）。縦長の長方形 ABCD の平行した 2 本の長辺 AB と DC を糊付

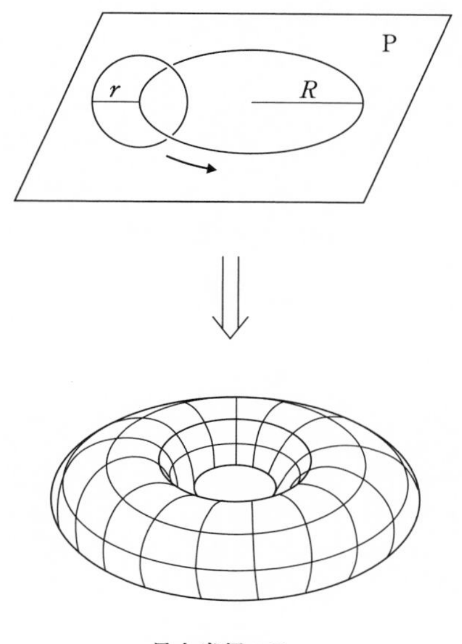

最大半径：$R+r$
最小半径：$R-r$

図 7-5　トーラス

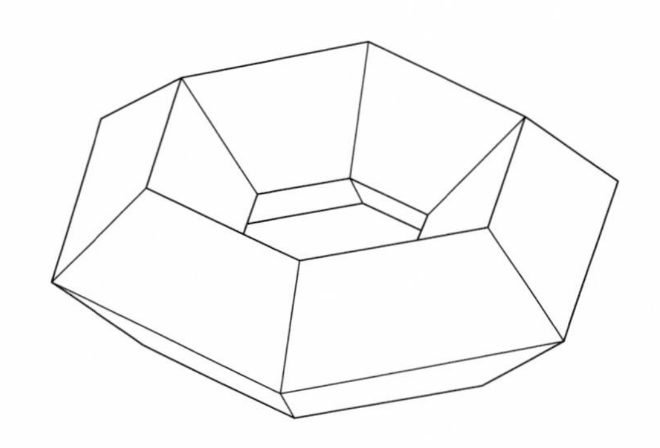

図 7-6 穿孔多面体

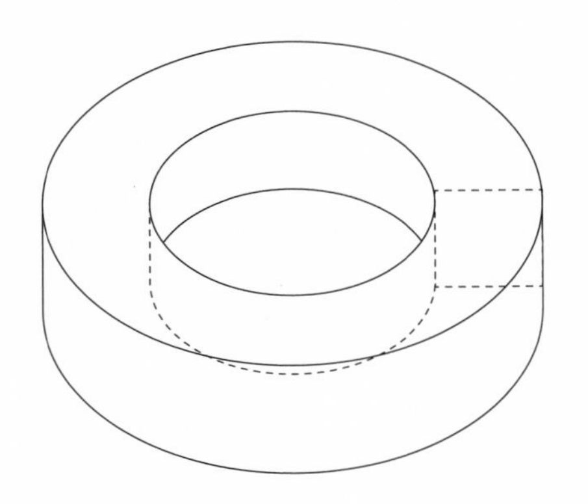

図 7-7 トロイドの一種

けして長い筒をつくる。次にその筒を丸めて、AとDの重なった円とBとCの重なった円を糊付けすればトーラスができるわけである。紙細工でやろうとすると紙がしわ

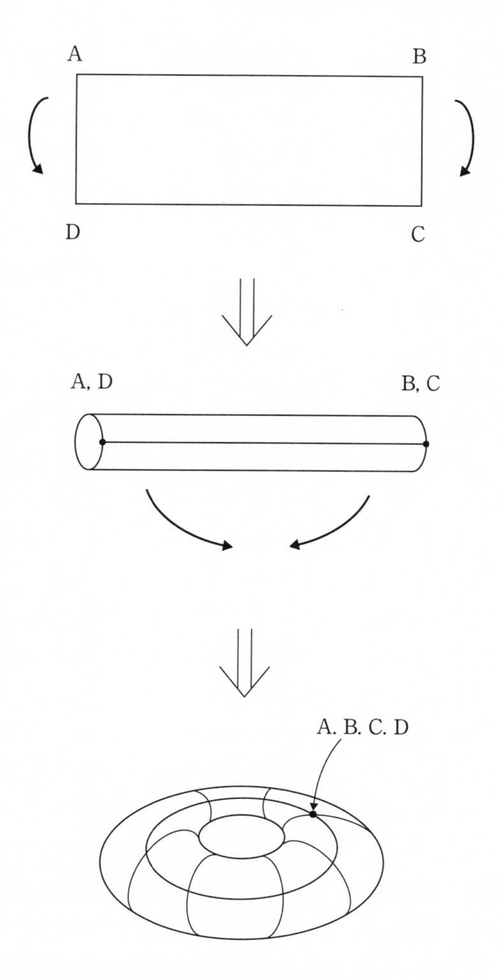

図 7-8 長方形を丸めてトーラスをつくる

しわになってうまくいかないが、感じはつかめると思う。元の長方形の4頂点A, B, C, Dはでき上がったトーラスのある1点に重なっていることがわかるであろう。つまり図7-8のように、長方形ABCDの辺ABとDC、及び辺ADとBCを同時に糊付けするとトーラスができ上がるのである。

それと同じことを球面でやってみよう。世界地図は長方形をしているから一見できそうに思える。メルカトル図法というのは、円筒状の筒の中に地球をすっぽりと入れて、地球の中心から地表を照らすように射影して描いた地図で、緯度が高くなるにつれて拡大されていく。だからグリーンランドの面積は実際の17倍にもなってしまう。それを承知の上でこの地図を眺めたり航海にも役立てているのだが、北極と南極は無限の先になってしまうので、ある緯度以上は切り捨ててあるのである。

この地球の座標は東西に走る緯度線と南北に走る経線できちんと決められている。それらに囲まれた四角形は、赤道付近では長方形に近いが、一般に等脚台形をしている。米国の山岳地帯のワイオミング（Wyoming）とコロラド（Colorado）の2つの州は図7-9のようにきちんとした台形そのものである。しかし実際には、州境をたどっていくとわずかな凸凹があるようだ。

それはともかく、球の表面とトーラスの表面は隙間なく台形を敷き詰めることができるという点では一見似たような感じがするが、数学的には根本的な違いがあるのである。

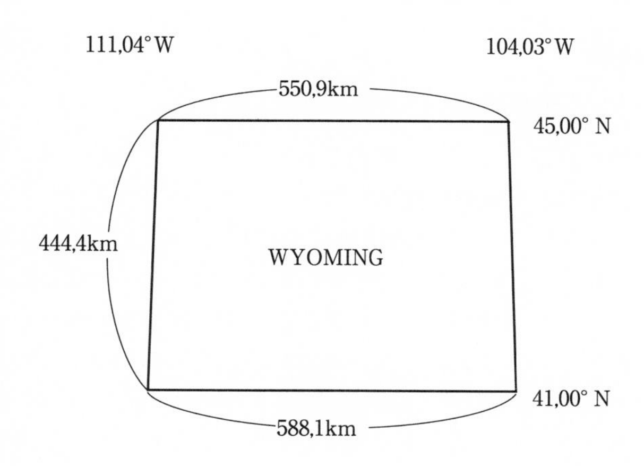

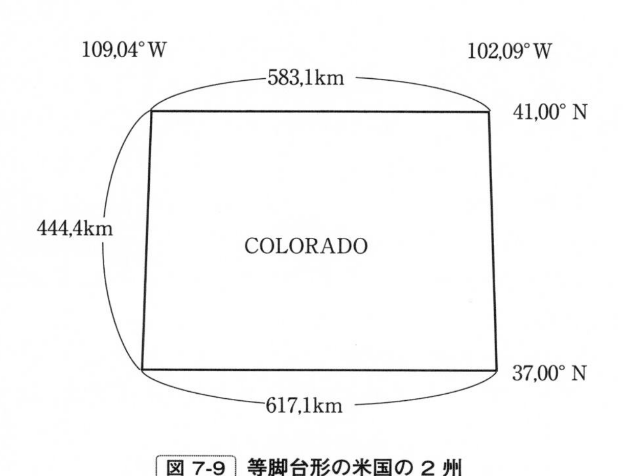

図 7-9　等脚台形の米国の２州

7-3
地図の四色問題

州でも県でも国でも構わないが、とにかく区分けのされているある領域の白地図を考え、そこに色分けをする。境界線で隣り合う2つの区画の色が同じであってはいけない。ただし、1点だけで接触している区画同士は隣接しているとはみなさない。すると、どんな地図でも最低四色が必要だということは、長い間経験的に認められていたのだが、数学的に厳密な証明は米国のハーケンとアッペルの大々的な研究によってやっと1976年に得られたという難問なのである。これについては、一松信氏がいち早くこのブルーバックスに『四色問題』という本を書かれてその背景まで丁寧に紹介され、さらに2016年にその改訂版まで出ているので、詳しく知りたい人はそれを読んでほしい。

とにかく、地図の塗り分けには最低四色が必要なのである。このことは、北極や南極も含めた地球上のどんな地図にも当てはまるのである。ところが、トーラスの表面では何と最低7色が必要なのだ。つまり位相数学的には、球面とトーラスはまったく違う性質をもっている。有限な四角形に描かれた図がトーラスの上に載るとまったく異次元的な振る舞いをしてしまうのである。

図7-10(a)を見てほしい。

図7-8と同じような長方形に7枚の長方形が隙間なく接している。ただし、1と3以外の長方形は分断されている。でも長方形2, 4, 5, 6はそれぞれが2つに切られているだ

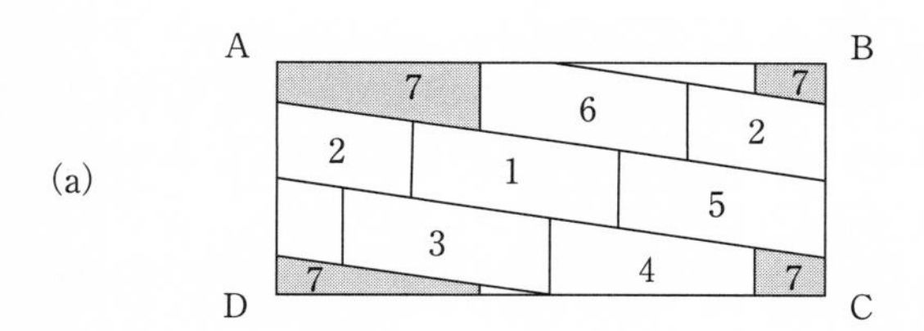

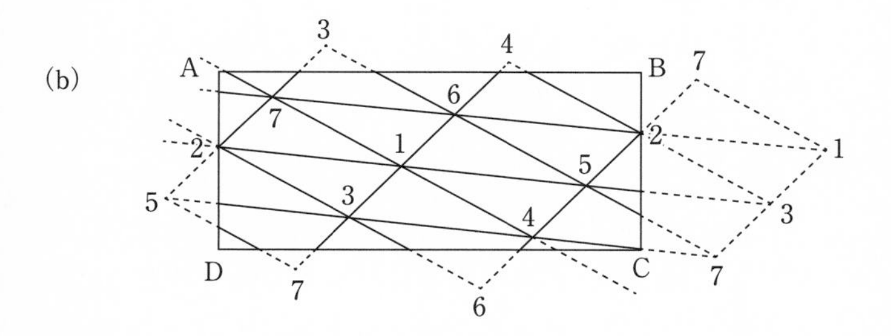

図 7-10　トーラスの展開図
(a) 7 枚の長方形の充填 (b) 7 個の点から成る完全グラフ

けなので、この紙でトーラスをつくったときにそれぞれがきれいな長方形になることはすぐわかるだろう。一方、4つに分断された7の長方形もきちんと組み合わせれば他のものと同じ大きさの長方形になることがわかる。結局、でき上がったトーラスの表面上には同じ大きさの7枚の長方形が隙間なく埋め尽くされている。長方形1の周りには2から7までの6枚の長方形が取り囲んでいる。このことは、この地図の塗り分けには7色が必要だということを示しているのだ。

ここでもうひと押しグラフ理論的考察を加えよう。図7-10(a)の各長方形の中心に点を1つずつ打って、今度は長方形の隣接関係をそれらの点の間のつながりの線で表してみると図7-10(b)が得られる。図7-10の(a)と(b)は、グラフの面と点の隣接関係を入れ替えてできたものなので、すでに前章で説明したように、互いに双対グラフの関係になっているのだ。

この図7-10(b)の7個の点はすべて隣接している。すなわち、これはK_7という完全グラフをトーラスの上に描いたものなのである。普通の2次元の平面の上にK_7を描くと図7-11のように辺の交わりがたくさん必要になるのだが、トーラスの表面では交差線なしで描くことができるのは驚きであろう。

平面の四色問題がトーラスでは七色問題になったのだが、メビウスの輪ではどうなるのだろうか。途中の数学的な議論は相当に難しいので結論だけを言うと、六色問題になるのである。

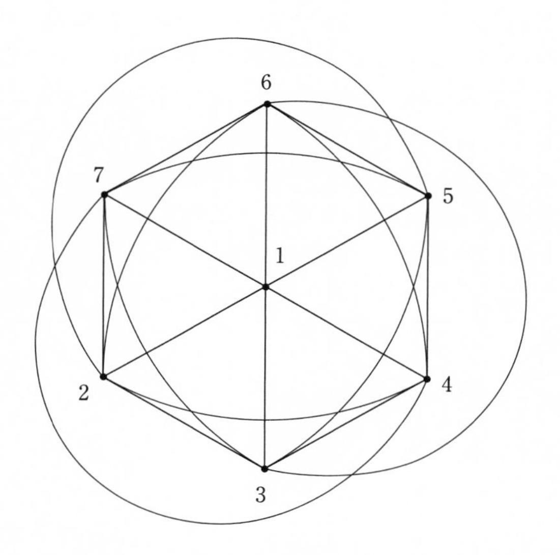

図 7-11　平面上の７個の点から成る完全グラフ

さて、137億か138億年前のビッグ・バンで生成したといわれるこの大宇宙は絶えず膨張を続けているそうだが、有限の大きさであることには間違いない。それが3次元的にどのような形をしているかはいまだに謎である。しかし、一部の学者はこの宇宙はトーラス構造をしていると主張している。これは彼らのただの思いつきではなく、数理天文学のしっかりした理論と実験に基づいた話だそうだ。だとすると、地球から発せられた光は回り回ってまた地球に戻ってくるというのである。著者にはまったくわからない領域の話であるが、読者諸氏はどう考えられるだろうか。

四角形にからんだ難しい問題はこれくらいにして、今度は4にまつわる難しい数学の話をいくつか紹介しよう。

7-4 フェルマーの定理

2次方程式

$$x^2 + y^2 = z^2 \tag{7.1}$$

の最小の自然数解が $(3, 4, 5)$ ということは小学生でも知っているし、これらの解のすべてがピタゴラスの三角形を表している。ここで後の議論に必要なので「原始ピタゴラス数」というものを紹介しておこう。それは (7.1) の自然数解の中で互いに素なものの一般解のことで、自然数 m と n を使って次のように表される。ただし、$m > n$ である。

$$x = m^2 - n^2 \tag{7.2.1}$$

$$y = 2mn \tag{7.2.2}$$

$$z = m^2 + n^2 \tag{7.2.3}$$

これからわかるように、m と n が奇数同士、あるいは偶数同士だと、3 辺 x, y, z がみな偶数になってしまうので、m, n は奇・偶か偶・奇ということになる。つまり、m と n の「偶奇性」は異なるのである。

自然数の 2 乗の和はこれでよいのだが、

$$x^n + y^n = z^n \quad (n \geqq 3) \tag{7.3}$$

という自然数解は存在しないのである。このことを、17 世紀後半にフランスのフェルマー（Pierre de Fermat 1607–1665）が彼の蔵書の片隅に証明抜きで書き留めたのだが、それ以後多くの数学者がその完全な証明に向けて 300 年以上も頑張った末に、1995 年になってやっと英国のワイルズ（Andrew Wiles）が成功した。そこに至るまでの数学者たちの努力と執念が、今日の数論（昔の整数論）の発展に大きく貢献したのである。今では (7.3) のことは「フェルマーの最終定理」あるいは「フェルマー・ワイルズの定理」と呼ばれている。

じつはフェルマーが書き残した証明は $n = 4$ についてだけで、オイラーが $n = 3$ について示した証明も後に他の数学者が小修正を行い、$n = 5$ については 19 世紀中に別の数学者たちが証明したが、すべての n についての完全な証明はワイルズによって初めてなされたのである。その証明はかなり難しいし、本書のテーマから外れてしまうので、ここでは、フェルマーの $n=4$ についての証明をざっと追うことにしよう。

この証明の目標は

$$x^4 + y^4 = z^4 \tag{7.4}$$

が自然数の解をもたないことであるが、ここであえて範囲を広げて

$$x^4 + y^4 = z^2 \tag{7.5}$$

が自然数解をもたないことを証明する、というところが味噌なのである。

さて (7.5) では x, y, z が互いに素であると仮定して一般性を失わない。そしてこの 3 数が (7.5) の最小解であると仮定する。

ここで x と y の偶奇性を調べる。x と y は互いに素だったから、(x, y) は (奇, 奇) か (偶, 奇) のいずれかである。ところで、どんな奇数もその 4 乗は 4 で割ると 1 余るが、偶数の 2 乗は 4 で割り切れる。そこで (奇, 奇) を仮定すると、(7.5) の左辺は 4 で割ると 2 余ることになるが、z は偶数なので右辺は 4 で割り切れる。したがって、(奇, 奇) ということはあり得ず、(偶, 奇) ということになる。

一方、ピタゴラスの定理 (7.1) の互いに素な 3 数は原始ピタゴラス数として表されることが知られているので、(7.5) の 3 変数は、

$$x^2 = m^2 - n^2 \tag{7.6.1}$$

$$y^2 = 2mn \tag{7.6.2}$$

$$z = m^2 + n^2 \tag{7.6.3}$$

と表される（左辺に注意）。ここで $m > n > 0$ であるとともに、両者の偶奇性は異なる。

(7.6.1) から

$$x^2 + n^2 = m^2 \tag{7.7}$$

が得られる。この 3 整数は原始ピタゴラス数だから、(7.6) の 3 式と同じように、自然数 r と s を使って

$$x = r^2 - s^2 \tag{7.8.1}$$

$$n = 2rs \tag{7.8.2}$$

$$m = r^2 + s^2 \tag{7.8.3}$$

と表される。これから、n は偶数、m は奇数ということがわかる。

次に、(7.6.2) の両辺を 4 で割って

$$\left(\frac{y}{2}\right)^2 = m\frac{n}{2} \tag{7.9}$$

と変形する。m と n は互いに素だったから、m と $\dfrac{n}{2}$ も互いに素である。そういう 2 数の積が $\dfrac{y}{2}$ の平方数ということは、m と $\dfrac{n}{2}$ のどちらも平方数ということである。すると、(7.8.3) は

$$r^2 + s^2 = t^2 \tag{7.10}$$

と書ける。

また (7.8.2) は

$$\frac{n}{2} = rs \tag{7.11}$$

と変形されるが、$\frac{n}{2}$ が平方数で r と s が互いに素というので、上の議論がそのまま当てはまり、r も s も平方数となるので、(7.10) は

$$u^4 + v^4 = t^2 \tag{7.12}$$

と書けることになる。

この 3 数 u, v, t は (7.5) の最小解と仮定した 3 数 x, y, z より小さい。これは矛盾ではないか。したがって、(7.5) に解があるという仮定は正しくない。つまり、(7.5) は自然数解をもたない。ましてや、それより範囲の狭い (7.4) にも解がないということが証明されたのである。このような論法は「無限降下法」といわれている。

大変回りくどい議論だったが、とにかくフェルマーはこのような論法で (7.4) を証明したのである。

7-5 四元数

複素数は代数方程式の解がすべて表されるような必要性から導入されたといえる。すなわち、

$$x^2 - 4x + 5 = 0 \tag{7.13}$$

の解は虚数単位 i を使った複素数 $2 \pm i$ のように表される。

複素数 $a+bi$ に対して $a-bi$ を「複素共役」という。複素共役同士の $x_1 \pm x_2 i$ の積は

$$(x_1+x_2 i)(x_1-x_2 i) = {x_1}^2 + {x_2}^2 \tag{7.14}$$

となる。19 世紀の中頃、アイルランドのハミルトン（William R. Hamilton 1805–1865）は i, j, k という 3 つの超複素数単位を使って「四元数（quaternion）」という超複素数を考えた。ただし、

$$i^2 = j^2 = k^2 = ijk = -1 \tag{7.15}$$

である。

一般の四元数は

$$A = a + bi + cj + dk \tag{7.16}$$

と表される。A の超複素共役数は

$$\overline{A} = a - bi - cj - dk \tag{7.17}$$

と定義されるので、A と $\overline{A}$ の積を計算すると、

$$A\overline{A} = a^2+b^2+c^2+d^2 \\ -(ij+ji)bc-(jk+kj)cd-(ki+ik)db \tag{7.18}$$

となる。ただしここでは、乗算の結合則、すなわち、

$$(ab)c = a(bc) \tag{7.19}$$

は使えるが、交換則、すなわち、

$$ab = ba \tag{7.20}$$

は使えないので、ij と ji は別物なのである。

そこで、(7.15) に加えて、

$$ij = -ji, \quad jk = -kj, \quad ki = -ik \tag{7.21}$$

という関係式を認めると、(7.18) は

$$A\overline{A} = a^2 + b^2 + c^2 + d^2 \tag{7.22}$$

となるのである。

さらに、3つの虚数単位 i, j, k の積の間に、

$$ij = k, \quad jk = i, \quad ki = j \tag{7.23}$$

という関係式を付け加えてやると、超複素数の積や商までもがうまく同じ超複素数体の中に取り込むことができるのである。

つまり、i, j, k の間に、(7.15), (7.21) 及び (7.23) の関係を入れることによって、複素数を拡張した超複素数体という数体系が確立されるのである。これだけの説明を聞いただけでは、四元数のご利益は全然感じられないのだが、3次元の座標回転を多用する、コンピュータ・グラフィックス、ロボット工学、分子動力学から、人工衛星の姿勢制御等のあらゆる分野でこの四元数が実際に使われている。この場では残念ながらその具体的な例を説明できないのだが、難解な数学が実際に役立っているということを知ってもらいたい。

7-6
四角い不可能図形

頭がぼうっとなったところで締めくくりにふさわしい話題を提供しよう。図 7-12〜図 7-14 を見てほしい。

オランダのエッシャー（Maurits C. Escher 1898–1972）は、幾何学を徹底的に追求した鬼才な画家として知られているが、彼のリトグラフの中に、登っているのか下っているのかわからない不思議な階段の描かれている版画『上昇と下降』がある。じつはこれは、すでに紹介した有名なペンローズの考えにヒントを得たものだと述懐している。図 7-12 は俗に「ペンローズの階段」として知られているものである。何とこの人は第 4 章で紹介したペンローズ・タイリングの考案者その人である。しかも彼は 2020 年に、一般相対性理論と宇宙論というスケールの大きな問題の研究の貢献でノーベル物理学賞を受賞したというとんでもない科学哲学者なのである。

その彼の考えただまし絵の 1 つに「ペンローズ四角形」

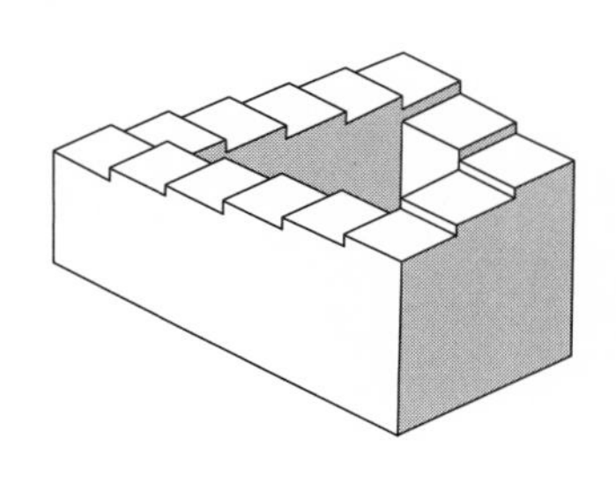

図 7-12　ペンローズの階段

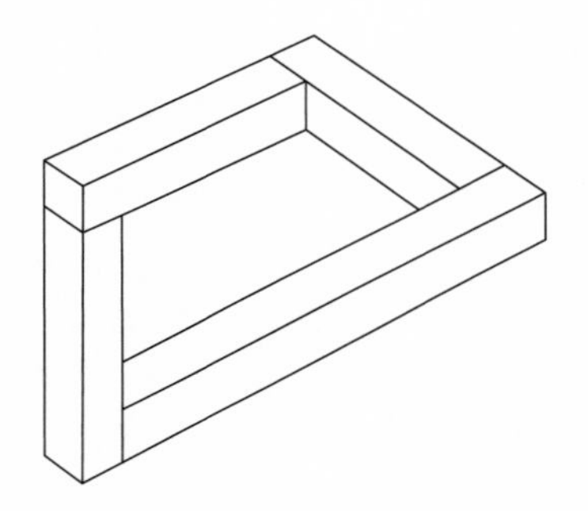

図 7-13 ペンローズの四角形

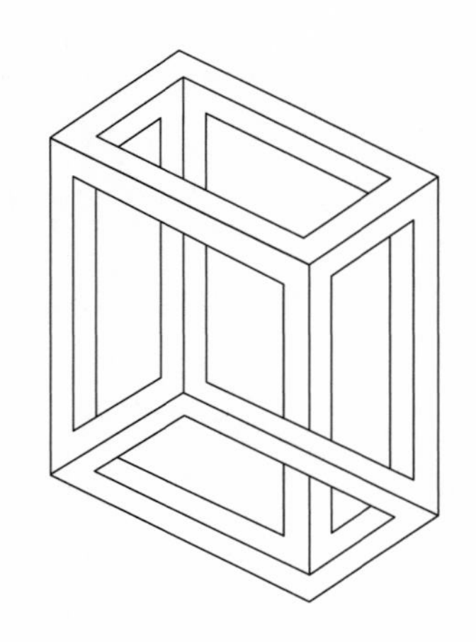

図 7-14 エッシャーの不可能長方形

というのがある。それを図 7-13 に紹介した。しかし、これに関してはエッシャーの描いた図 7-14 のほうに軍配を上げたい。1981 年にインスブルックで開かれた国際数学者会議を記念して、これをモチーフにした切手がオーストリアから発行されている。なお我が国では、杉原厚吉氏がこの種のだまし絵だけでなく、立体の造形物を精力的につくっておられる。

じつは、フェルマーの最終定理、ガウスの複素平面、ハミルトンの四元数そのものをデザインした切手も欧米諸外国から発行されているのである。その点も含めて、我が国の切手のカルチャーが国際的にははなはだ低いことを嘆き、ひがんでいるのは著者だけであろうか。

それはともかく、四角形を巡ってこのように不思議な数学的なアートの世界が広がっていることも読者は知ってほしい。アートだけでなく、子供から大人までも楽しめる遊びやゲーム、さらには真剣な戦いのスポーツに至るまで、四角形のおまじないが世界中の人類の頭の中を支配しているのだ。本書は四角形の数学的な面に重点を置いて書いたものだが、読者には、四角形の文化的な面にも積極的に関心をもち、硬くなりそうな頭をできるだけ柔らかくするように心がけてほしい。

そういうわけなので、四角で硬くなった頭が次章で少しはほぐれることを期待する。

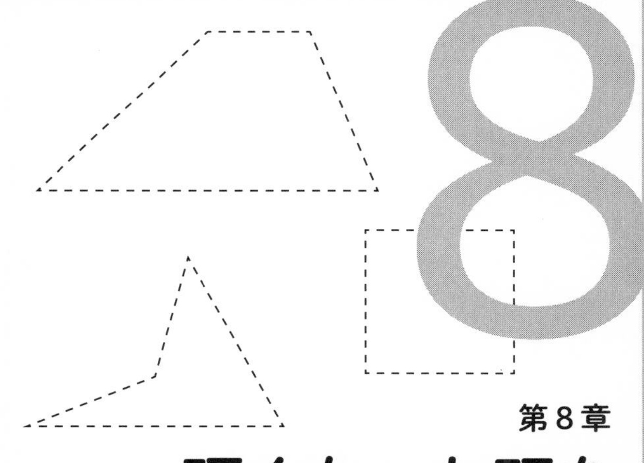

第8章

硬くなった頭を四角でほぐそう

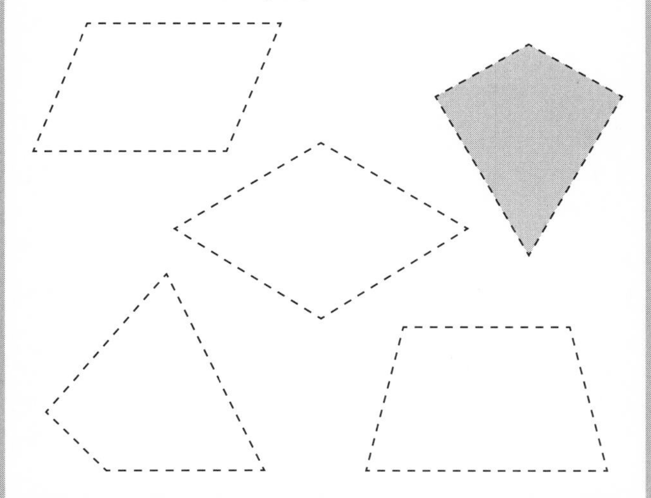

8-1 将棋、囲碁、チェス

古今東西、大人も子供も室内遊戯は四角い盤上で行われるものが極めて多い。まず西洋起源のチェスからいこう。チェス盤の大きさは、使われる駒のサイズによって若干前後するが、約 45 cm 平方のものでその上に 8×8 の正方形の格子が切られている。こういう盤上でチェッカーもオセロも遊べる。

それに対して、我が国で作られた将棋も中国から伝来し我が国の風土で完熟した囲碁も、今日正式に認められている盤はわずかに縦長の長方形になっている。また不思議なことに、日本の伝統的な座布団も風呂敷もほんのわずかに縦長の長方形になっている。

さて将棋盤であるが、縦 1 尺 2 寸（約 36.4 cm）、横 1 尺 1 寸（33.3 cm）が基準で、余白は縦横とも各 2.5 分（約 0.8 cm）ずつとることになっている。したがって、9×9 の盤面の大きさ自体はそこから 5 分（約 1.6 cm）引いた大きさになっている。この盤の正味のアスペクト比は $1.15/1.05 = 1.095$ という値になる。

いっぽう碁盤の大きさは縦 1 尺 5 寸（45.5 cm）、横 1 尺 4 寸（42.4 cm）、厚さは足付き盤で 2 寸〜9 寸程度まで様々である。この中に 18×18 の格子を切って、ゲームは 19×19 本の線上で行われる。周囲の余白が将棋と同じと仮定すると、アスペクト比は $1.45/1.35 = 1.074$ で、将棋盤より正方形に近い。でも、将棋のほうは駒の形から納得

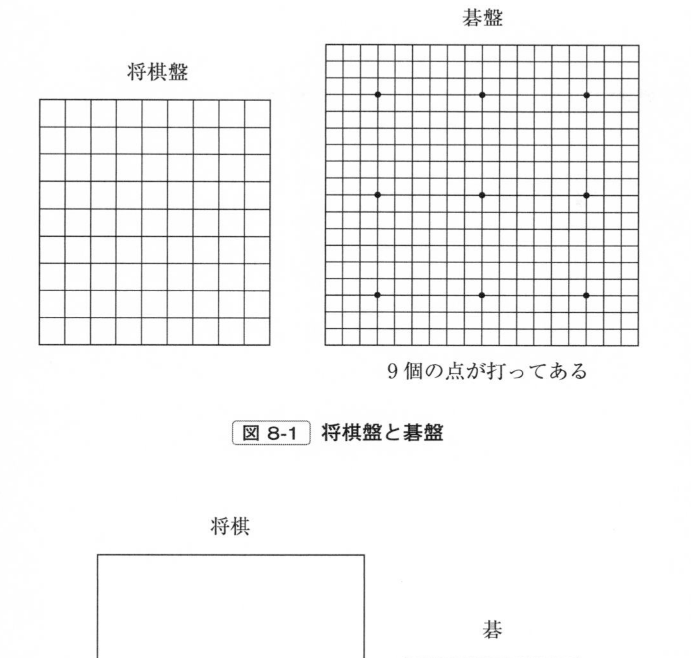

図 8-1 将棋盤と碁盤

将棋

碁

38.7mm

24.4mm

35.4mm

22.7mm

図 8-2 将棋盤と碁盤の一マスの実物大の比較

できるが、まん丸い碁石を使う碁盤がこの微妙な縦長の長方形になっているというのは何を意味するのであろうか。新聞に将棋や囲碁の棋譜がよく載るが、どれも「きちんとした正方形」になっている。しかし、テレビの将棋番組で見られる将棋盤は正しく縦長になっている。プロの棋士の目はごまかせないのであろう。それに対して、出版関係者の詰めが甘いというのは著者の偏見であろうか。実際にこれらの長方形がどのような感じかを図 8-2 に示したので読者の目で確かめてほしい。

なお本題の四角形からは離れるが、将棋の駒は図 8-3 (a) に描いたような五角形である。厚さは一様でなく先のほうがやや薄くなっている。王から歩まで少しずつ小さくなっているが、とくに両軍合わせて 20 枚（じつは 2 枚足りない

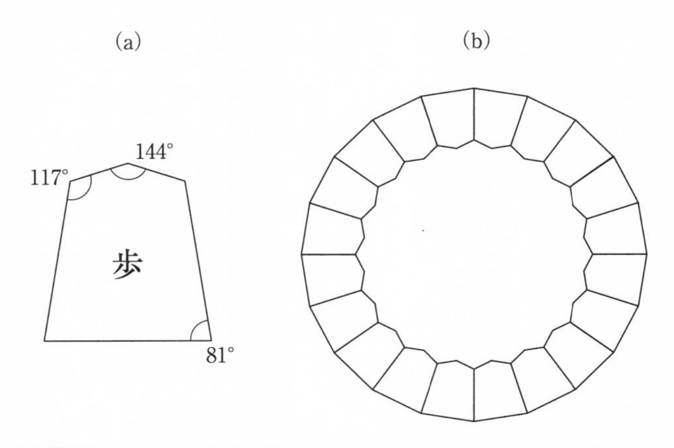

図 8-3　(a) 将棋の駒の平均的な角度（作者によって多少の違いはある）(b)「歩」20 枚を円形に敷き詰める

が）の歩は横に並べていくと、だんだん丸くなり図 8-3 (b) のようにぴったり円ができるという。これから計算すると、この五角形の 2 つの底角が 81° ということがわかる。

8-2 ボードゲーム、双六

日本の双六（すごろく）は長方形の紙の上に印刷されている。大きさは新聞紙を広げたものよりはやや大きく、丈夫な和紙に印刷されて折りたためられたものを毎度床に広げて遊ぶ。アスペクト比には特別の決まりもないようだ。たいていは左下からスタートして、各自が振ったサイコロの目の数にしたがって反時計方向にぐるぐる回り、中央の「上がり」に到達した順番を競うというルールである。この双六以外には、日本古来の子供用の遊戯（ボードゲーム）はあまりない。

これに対して、西洋ではいろいろなボードゲームが遊ばれているが、たいていは 50 cm 平方くらいの厚紙で、使わないときは二つ折りにしてしまっておく。モノポリー（Monopoly）というのは、正方形の周囲に数十の会社を表す長方形の枠が並んでいて、サイコロの目で止まった会社の株を買ったり、アパートを建てたりして金儲けをしていくという、資本主義そのものの実地演習をするという古くからあるゲームである。その中には、長方形の高額紙幣や株券等のやりとりも組み込まれている。ちなみに、monopoly という語は「独占」とか「独占者」という意味である。
スクラップブルというのも人気のあるボードゲームだが、これは次節のクロスワード・パズルの説明の後に紹介しよう。

8-3 クロスワード・パズルとスクラップブル

クロスワード・パズルを知らない人はいないだろうが、米国と日本では、アルファベットと仮名文字の差以外に大きな違いのあることはあまり知られていない。また同じアルファベットを使っても、西欧では国によって少しずつ規則が違う。ここでは煩わしいので、このパズルの外形的な形のところに限って、米国のルールを説明することにしよう。それは意外に日本では知られていないことなのだ。というのも、我が国で流布している仮名を使ったクロスワード・パズルは制約のとても甘いものだからである。では、米国における制約とは、

1) 原則的に、15×15 の正方格子の中に収める。そうでない場合も 奇数 $\times$ 奇数 にする。
2) 2 回回転対称、すなわち 180° 回転しても形が変わらない。
3) 2 文字単語は使わない。
4) どの文字も縦横の 2 単語に属する。
5) 空白の黒マスはできるだけ少なくする。

というかなり厳しいものなのである。この規格に従ったク

1			2		3			4
			5	6				
		7				8		
9	10					11	12	
	13							
14						15		16
		17	18		19			
			20					
21					22			

ヨコ
1, 3, 5, 7, 9, 11
13, 14, 15, 17,
20, 21, 22

タテ
1, 2, 3, 4, 6, 7,
8, 10, 12, 14,
16, 18, 19

図 8-4　クロスワード・パズルの例

ロスワード・パズルの図枠の例を図 8-4 に示した。

なお、制約 1) であるが、New York Times では 17 × 17 に定めていたり、19 × 19 や 21 × 21 も認める雑誌があったりはするが、奇数にこだわっているようである。また、各パズルは一つのある「テーマ」をもっていることが望まれていたりして、「たかがお遊び」で片付けられないあるカルチャーが感じられる。事実、全国的というよりは世界的なコンテストがいくつも定期的に開かれているのである。残念ながら、我が国ではこの米国の規格から大きく外れたクロスワード・パズルが大手をふるっている。

スクラップブル（Scrabble）というボードゲームは、アルファベットの使用頻度を利用して面白く設計されている。15 × 15 の碁盤目状のマス目からできていて、自分の順番が来たら、各自に配られたアルファベット一文字ずつの札を、意味のある単語にまとめて縦（上から下へ）か横（左から右へ）に並べる。ただし、そのときすでに盤上に置かれた他の文字群に対して、きちんとしたクロスワード・パズルのようなつながりが必要である。その文字札に、A から Z までの文字の使用頻度のほぼ逆順の点数が割り振られているために、このゲームのいろいろな戦術が生まれる。ただし、あまりよく知られていない固有名詞や難しい単語を避けるために、みなの合意で選んだ小さな辞書に載っている語だけが有効であるという規則も決めておく。現在、世界中に熱心なファンが大勢いて、各国だけでなく世界選手権も定期的に開かれているようである。

8-4 百人一首、花札、かるた、トランプ

「かるた」は漢字で「歌留多」または「加留多」と書くが、元は 16 世紀の昔にポルトガルから来た carta という語がそのまま我が国に定着したものである。しかし、この種の「遊び」の中で最も古い百人一首はそれよりもっと古い鎌倉時代初期の藤原定家が選び挙げたものである。ただし、その頃は現在のようなカード形式のものではなく、墨で書き上げた縦長の和紙の短冊であった。現在我が国で広く遊ばれている読み札の「絵札」と取り札の「字札」100 枚ずつのセットは、明治時代に黒岩涙香（くろいわるいこう）が中心になって整備されたものである。

そのときには、西洋伝来の「トランプ」のようなかるただけではなく、「いろはかるた」や「花札」が流通していたから、形式的に縦長の長方形の堅い紙が使われたのであろう。

定家が百人から一首ずつ選んだ「みそひともじ」の百の和歌を、使われている言葉や歌われているテーマにしたがって分類整備して、10 × 10 のマトリックスにまとめ上げた人がいるが、ここでは「読んで取る」と「めくって遊ぶ」という2通りの遊び方をもつカードゲームの機能のほうに注目しよう。

江戸時代の初めにはすでに西洋伝来のかるたの影響を受けていろいろな「ことわざかるた」が流通していたようであるが、中期に京都で生まれたのが「いろはかるた」である。いろは 47 文字に「京」の 1 枚を加えた 48 枚が基本である。濁点も半濁点もないので、最初の一文字が読まれた瞬間に、その頭文字（丸で囲まれている）の絵札を探せばよい。したがって百人一首のような「むすめふさほせ」などという人を惑わす重複文字がないので、小さな子供でも遊べる。「読んで取る」かるたの大人向けが百人一首なのに対して、いろはかるたは子供向けの筆頭であろう。内容も日常の常識や教訓的なことが中心なので、幼児教育という面でも非常に優れた遊びである。江戸以降の日本人が諸外国に比べて識字率が高く、文盲の少ないということの要因の一つに考えてよいのではないだろうか。最も有名ないろはかるたの最初の札は「犬も歩けば棒にあたる」なので、俗に「犬棒かるた」の別名で親しまれている。

図 8-5 犬棒かるた

江戸時代からの日本文化の高さを示すために、他のかるたの中からも「い」で始まるもののいくつかを次に紹介してみよう。

石の上にも三年	我慢をすれば報われる
医者の不養生	口先は立派でも実行が伴わない
一寸先は闇の夜	世の中、何が起きるかわからない
急がば回れ	急いでいる時ほど安全を考えよ
一を聞いて十を知る	洞察力の優れていること
井の中の蛙大海を知らず	世間知らず
芋の煮えたも御存じない	甘やかされて育った人をからかう
一石二鳥	一回の行為で多くの利益を得ることもある

こうしてみると、「高(たか)がかるた」と言うことが憚(はばか)られてくるようである。

これとは別に「花札」のほうは「めくって遊ぶ」の筆頭で、ヤクザの賭博用の大事な小道具として発達したが、子供も含めた一般人にも楽しまれてきたという不思議なゲームである。「猪鹿蝶（いのしかちょう）」「青たん」「赤たん」などの図柄は日常的にも親しまれている。1 年の 12 ヵ月のそれぞれに、点数の違う 4 枚セットで合計 48 枚というのは、西洋のトランプの日本版と言えよう。

日本にポルトガルから伝わったかるたは今日のトランプとは少し違うようである。トランプの原型のようなものは、14 世紀頃中国からイタリア経由でヨーロッパに渡ったものだと言われている。その後、数百年の間にスペイン、ドイツ、フランスを経由してイギリスに伝わって現在我々が目にしているような形に落ち着き、仕上げは大西洋を渡った米国でなされた、ということのようである。19 世紀の終わり頃、米国のカード会社が売り出した Bicycle（バイスィクル、自転車）という商品が現在世界中で使われているトランプの決定版となっている。

この trump（トランプ）という言葉は、もともとは切り札という意味で使われていたのを日本人が勝手にゲームの名前に仕立て上げてしまったもので、playing cards（プレイイング・カーズ）が正しい。クラブ（club）、ダイヤ（diamond）、ハート（heart）、スペイド（spade）という 4 種類のスーツが、それぞれ 13 枚ずつで 52 枚、その 1 枚を 1 週間とすると合計 364 日、それにジョーカーが 1 日分を分担すると 1 年の 365 日となるが、閏年（うるうどし）にはもう 1 枚のジョーカーが助っ人に入ってメデタシメデタシということになるが、後付けの話として聞き流してもかまわない。

なぜならば、そこにいき着くまでのイタリアやスペイン等の国では54枚に満たない数のセットが使われたし、それが現在にも及んでいるからである。

また西欧の国によって、ジャック（J）、クイーン（Q）、キング（K）の呼び名もマークもかなり大きく違っている。上にも述べたように、我々日本人になじみのトランプは米国流そのものなのだ。

トランプによく似たタロットという占い専用のカードもある。そのほかにも、角が少し丸くなったさまざまなアスペクト比の長方形のカードゲームが街のゲーム売り場に並んでいる。

8-5 麻雀（マージャン）

麻雀も中国オリジンである。正方形の雀台（じゃんだい）を4人が囲んで座る。一組の麻雀には、34種類の異なる図案の牌（ぱい）が4つずつで合計136枚のセットを全て裏返して、正方形状に積んだ山から4人が順番に相手に見られないようにめくりながらゲームが進行する。34種の牌の内訳は、1から9までの数字牌が3種類で合計27種と、「東（とん）」「南（なん）」「西（しゃー）」「北（ぺー）」と「白（はく）」「發（はつ）」「中（ちゅん）」の7種の役牌から成る。

このゲームの細かなルールは別として、不思議なことがある。すなわち東西南北に割り振られた4人の並び方が図8-6のように現実世界とは逆周りの東・南・西・北と配置

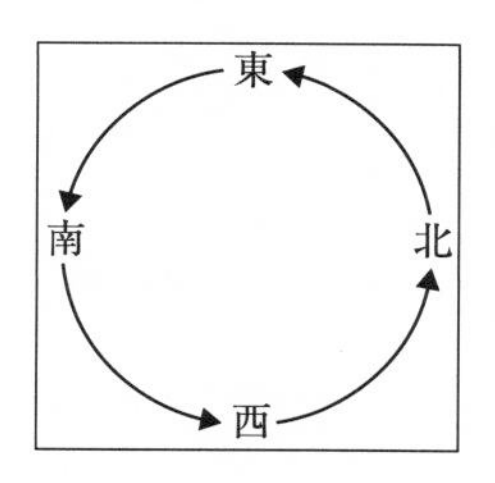

図 8-6　麻雀の東南西北（とんなんしゃーぺい）

され、反時計方向にゲームが進行することである。

世の中には変わった人がいて、三角形や五角形の雀台を作って、そういう半端な人数で遊ぼうと呼びかけている。四が基本のゲームの中に、わざわざ三や五を乱入させることもないだろうに。

8-6 タングラム

今ではタングラム（Tangram）という名前で世界的に通用しているこのゲームは「七巧図」というれっきとした中国生まれで、しかも紀元前に遡るのではないかと言われている。正方形の板を7枚の小片に切り分けてあるのだが、その作図も2分の1、2分の1というように極めて容易に行える。これらの小片を重ならないように組み合わせて、図8-7にあるようなさまざまな事物をつくり上げるというゲームなのだが、2個の大きな二等辺三角形が災いして、造形的にはあまり高度なものは望めない。

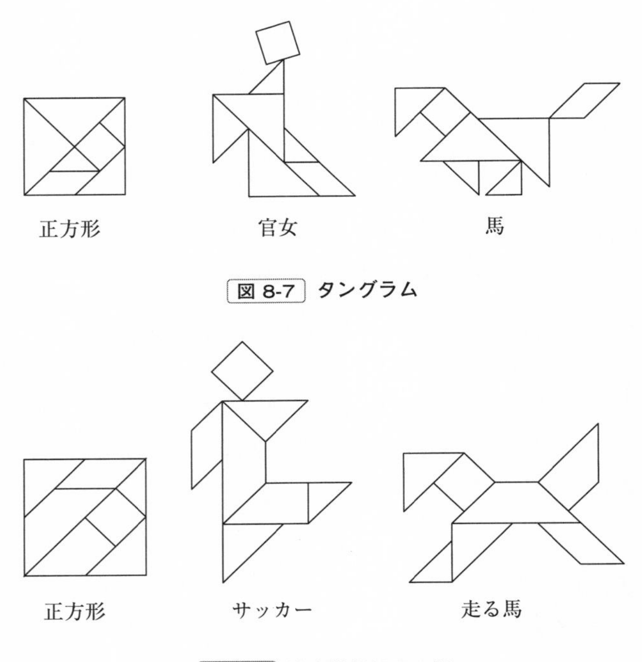

図 8-7 タングラム

図 8-8 清少納言智恵の板

むしろ、ずっと時代は下るが、我が国の「清少納言智恵の板」のほうがその点では優れている。

これは 18 世紀初頭の江戸時代に人気のあったゲームだということが種々の文書からわかる。しかし、両者のパターンからも類推されるように、タングラムとの類似性が高いので、我が国オリジナルのものとは断定しがたい。だがデザイン的には、図 8-9 のように対称性の高い幾何学的

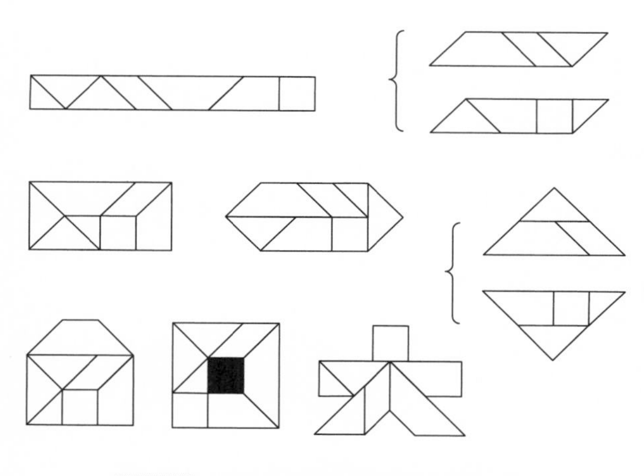

図 8-9 「智恵の板」の幾何学的特徴と文字

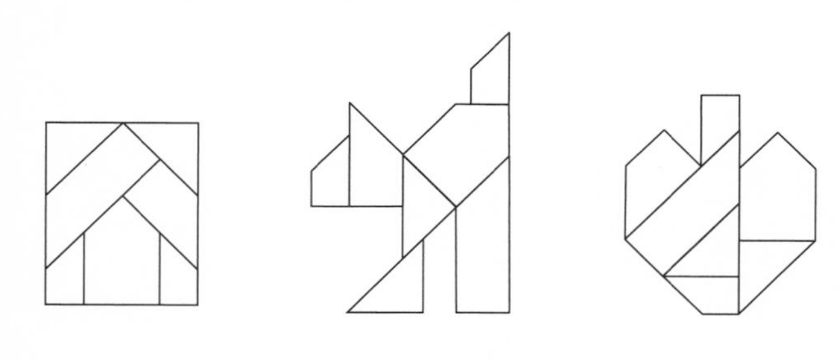

図 8-10 ラッキー・パズル

模様をつくるのに適しているだけでなく、ひらがなや簡単な漢字もつくることができる点で優れている。

江戸時代には、この「清少納言」を真似てさらに多種の似たようなパズルがつくられた。円や細い帯状のパーツま

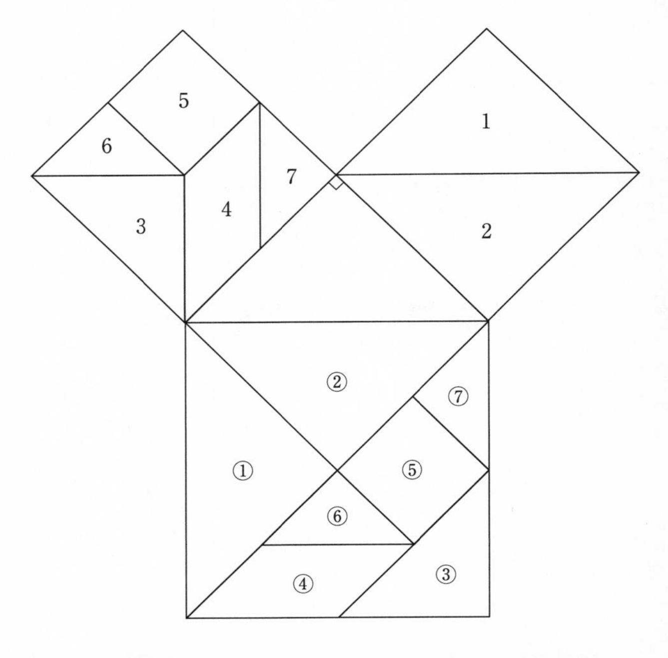

図 8-11　ピタゴラスの定理のタングラムによる部分的証明

で入れて、15片や19片に及ぶものがオランダのシーボルト・コレクションの中に見られる。

これらのパズルを総称して「シルエット・パズル」と呼ぶが、西欧には数え切れないほど多くのものが考案発売されてきた。我が国では図8-10のような「ラッキー・パズル」が有名である。ただしこれは、パーツの数は同じ７枚だが、縦横比が５対４の長方形から切り出されている。

最後に数学的なことを一つ。中国のタングラムを使って、図8-11のようにピタゴラスの定理の（部分的ではあるが）図式的証明に使われたらしいということがわかっている。何と紀元前の時代のことである。

8-7 ルービックキューブ（Rubic cube）

この世界的に有名なゲームを考案したのはハンガリーの建築家ルービック（Ernő Rubik）で1974年だと言われている。$3 \times 3 \times 3$ に区分され色分けされた立方体のブロックを回転操作の繰り返しで６面がそれぞれ同じ色になるように揃えられるかどうかが第一の関門で、次はそれをできるだけ早く実現させるかの競争になる。

発表以来またたく間に全世界にそのブームが到来した。我が国でも、６面達成を果たした人は「キュービスト」として世間に公表されたくらいである。

これの世界選手権大会は1982年のブダペスト大会以来今日まで続いている。

図 8-12 ルービックキューブ

なお、3×3×3のもの以外に、2×2×2の超やさしいものから、大きなものまでさまざまな変種が考案発売されて、その収集マニアたちを悩ませている。現在までに最高17×17×17というものが売られているが、正式のルービックキューブは5×5×5までのものに限られているらしい。

8-8 屋外で四角く遊ぶ

一昔前までは、子供たちが空に向けて揚げる凧が秋から冬にかけての風物詩だったのだが、最近はあまり見られなくなってしまった。それでも日本各地での伝統の凧揚げは依然として続けられている。

我が国の普通の凧は縦長の長方形だが、すでに第1章で紹介したように四角形の一種に「凧形」というのが鎮座している。英語はkite（カイト）である。確かに欧米やブラ

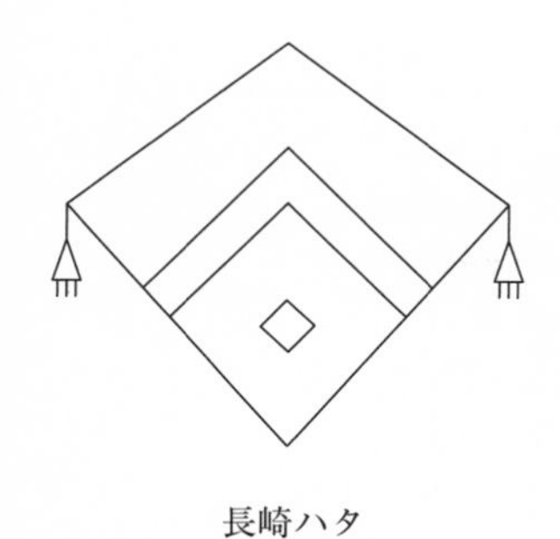

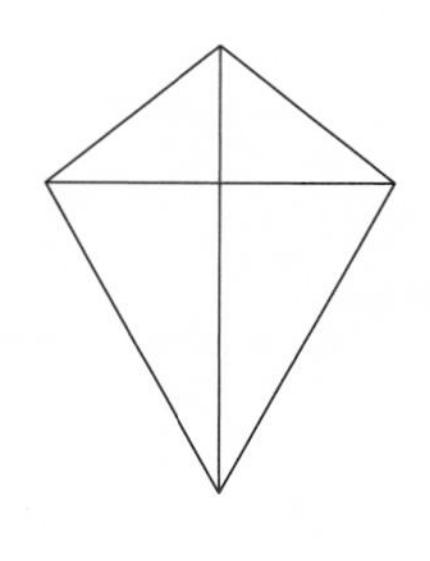

図 8-13　長崎のハタ、イギリスのカイト

ジルの凧のほとんどはこの凧形をしている。ところが、日本では長崎を中心とする九州地方の「ハタ」だけがこの凧形になっている。江戸の鎖国時代に唯一長崎を通って欧米の kite が入ってきたのである。

一方、「唐人凧」と呼ばれる一群の変わり凧が九州と東北の福島に伝わっている。これは、怖い閻魔(えんま)様が舌を出したような複雑な形をしているが、なぜ福島にそれが伝わったかはわからない。「奴(やっこ)」「蟬(せみ)」「だるま」「円」などの変形凧も全国的に大きな広がりを見せているが、日本の凧の主流は「龍凧(りゅうだこ)」に象徴される長方形で、その絵柄や文字の美しさやたくましさをそれぞれが主張しているのである。

ところで「たこ」という名前は、関西で「いか」と呼ばれていたものに対抗する形で江戸っ子が呼び変えたという話が伝わっている。それを裏付けるかのように、この「凧」という字は、「凪(なぎ)」や「凩(こがらし)」と共に国字である。「かぜがまえ」の中に「巾」を入れて「凧」の字がつくられたので

図 8-14 龍凧

ある。

この凧も今から 1000 年以上も前に中国から仏教と共に日本に伝わったというのだが、このようにバラエティに富んで全国的な発達を遂げた日本の凧は世界に誇れる文化である。

凧の他に、子供たちが戸外で四角く遊べるゲームはドッジボールなどいくつかあるが、残念ながら今ではどれも廃れつつあるようである。

8-9 四角く戦う

屋外でやる球技には四角形がいろいろな形で使われている。野球場の外形には決まりがないが、内野のフィールドは正方形である。一塁、二塁、三塁、本塁と反時計方向に打者・走者は走り抜ける。一塁から三塁までには正方形のベース盤が置かれ、本塁にある右と左のバッター・ボックス（打席）はかなり縦長の長方形でピッチャーのほうに打球が飛ぶ方向に向いている。ピッチャー・プレートも同じく縦長の長方形であるが、打席の長方形とは向きが垂直に置かれてある。外野席の後方に掲げられたスコア・ボードもたいていは長方形にデザインされている。プロ・アマの区別なく、翻っている旗もほとんどが長方形である。

一方、サッカー、ラグビー、アメリカン・フットボールのように、人頭大のボールを奪い合う球技は全て長方形のフィールド内で戦われる。サッカーとラグビーのフィールドはほぼ 70 m × 100 m の大きさだが、アメフットのフィールドの幅は少し狭く 50 m ほどである。サッカーで両軍のキーパーが死守するゴール・ポストも横長の長方形である。ただし、ラグビーとアメフットのゴールポストの上方は切れているが、どこまでも上に伸びている「ながーい長方形」というイメージであろう。

我が国ではあまりはやらないポロも、長方形のグラウンド内を馬に乗った両軍の選手が走り回って戦う。したがってそのフィールドも 150 m × 270 m と一回り大きくなっている。

テニスも長方形のコート上で戦う。その上に白線が引かれてさらにいくつかの長方形に区分されている。その線の太さはほぼボール大であるが、ボールの中心がその線に載っているかいないかで、選手も観客も固唾(かたず)をのんで審判の判定を待つことになる。したがってこの場合、数学の「線」ではなくて幅のある細長い長方形の一部と考えてよいかも知れない。また、コートの中央に張られたネットもほぼ長方形だ。

もともとは屋外のスポーツだったテニスは、屋根付きのコートでも行うようになった。しかし、バスケットボール、バレーボールやバドミントンは正式には室内球技になっている。それらのコートの標準的な大きさを図 8-15 に示した。

メートル法とヤード・ポンド法が入り乱れている。さらに、球技の歴史とコートのサイズの決め方は直結していないことに注意しよう。

バレーボールは遊びや体育の時間に屋外でやることもある。ビーチ・バレーは砂浜が舞台なので、技や戦術もそれぞれに変わってくる。しかし、四角いコート内でやることには変わりない。

ピンポンとも呼ばれる卓球の正式な英語は table tennis である。卓球台もネットも屋外のテニスに準じているが、シングルスもダブルスも同じコートを使う。

水泳用のプールも屋内外に関わらず長方形につくられて、その中をさらにコース・ロープで仕切られたながーい長方形のコース内を、選手は一人一人で泳ぎきる。リレーで何人かの仲間と組んで戦うこともあるが、泳ぐときは一人である。

泳ぎながら大きなボールを奪い合う水球も水泳用の長いロープを外した大きな長方形のプールの中で戦う。泳ぎの

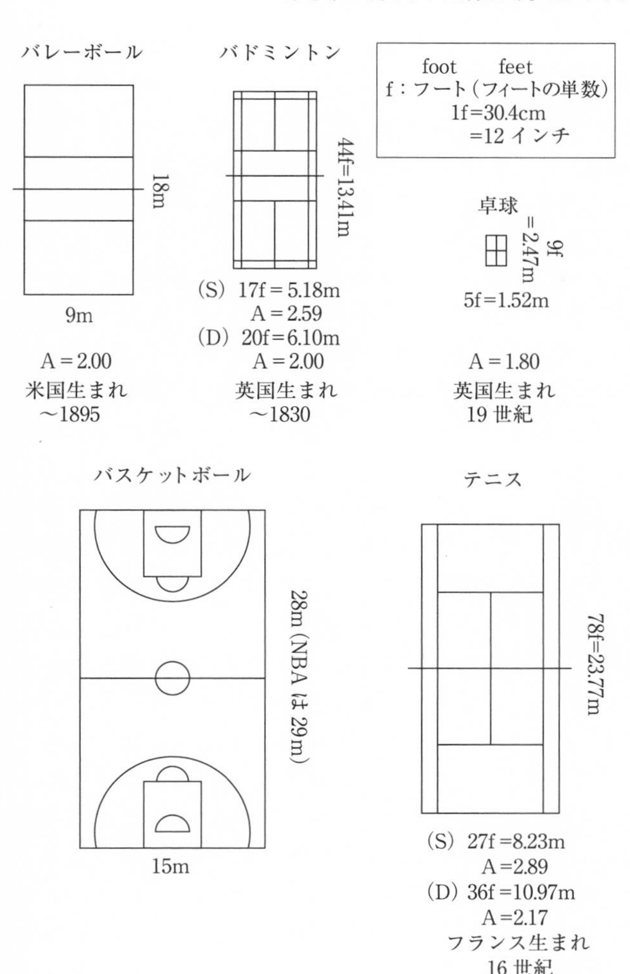

図 8-15　いろいろな球技のコートの寸法

美しさを競うシンクロナイズド・スイミングは四角いプールの中で戦っている。

ボクシング（boxing）という格闘技は、その名の通り四角いリングの中で死闘を繰り広げる。この box という英語の単語は「箱」という名詞の他に「戦う」という動詞でもあるのだ。箱みたいなところで殴り合うというのが boxing ではある。これより歴史的には古いかもしれないが、興行用のレスリングも四角いリングを使うが、グレコ・ローマンは平らな四角いマットの上で戦う。

取っ組み合いでなく、一人一人の演技を競う徒手体操は少し大きめの四角いマット上で行われ、はみ出たら減点になる。

相撲という言葉は「相(あ)いなぐる」という極めて野蛮な意味をもっているが、元はと言えば神話時代の野見宿禰(のみのすくね)という話に遡る日本古来の伝統的な力持ち同士の戦いである。もう少し歴史的にも信頼できることをたどることにしよう。江戸時代の初期まではいつの間にか一定のルールにしたがって戦うゲームにまで進化した。そして、プロの相撲取りの戦いを興行師が入場料をとって観客に見せる「勧進相撲(かんじんずもう)」が定着した。しかし「土俵」という閉じた空間が設定されたのはやっと 1670 年前後だと言われている。しかもその初期の土俵は縄で囲まれた四角いものだった。

それがいつの間にか丸い土俵に変わっていったのである。18 世紀中頃の徳川吉宗の頃の土俵は直径が 13 尺 (3.94 m)、しかも二重土俵というかなり小さなものだったらしい。現在日本相撲協会が決めている土俵の直径は 15

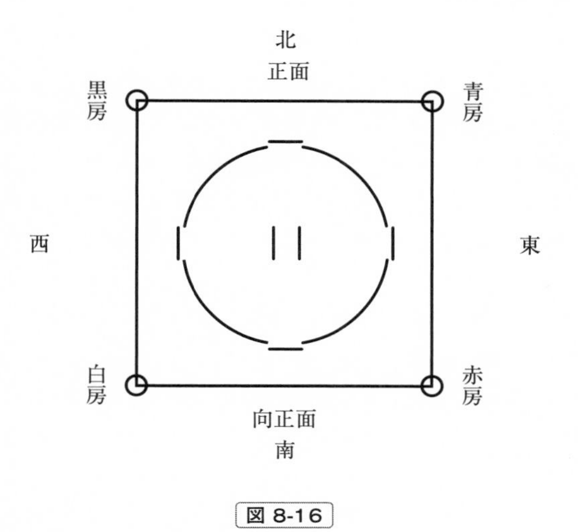

図 8-16

尺（4.55 m）で、1931 年というかなり最近のことである。昔の四角い土俵の名残りか、高くまた硬く盛り上げた四角い台座（一辺約 6.7 m）の中に長さが 80 cm くらいの小さな俵を 20 個ほど円形に埋め込んで作られている（図 8-16）ので、力士が目で見なくても足裏でその境界が感じられるだけでなく、そこで踏んばることができる。さらに、東西南北の中央に少しだけ円が切れて外側に俵がはみ出している。そのため土俵の砂を容易に外に掃き出すことができるだけでなく、そこに追い詰められた者も一息つくことができるので、その俵は「徳俵（とくだわら）」と言われている。

このように土俵のほうは四角形が丸くなってしまったのだが、国技館の土俵の上には高い天井から四角い大きな釣り屋根がぶら下がっている。その下に丸い土俵のある四角い台座があり、その屋根の四隅から四色の大きな房が目立つように下がっている。1952年までは、そこには柱が立っていたのだが、見る人には邪魔なのでそれを取り払って房をぶら下げたのだ。図8-16を見てほしい。青赤白黒の房の色は東南西北を表している（表8-1も参照）。

四神	仮想の動物	方角	季節
青龍	舌の長い龍（緑に近い）	東	春
朱雀	神格のある鳥	南	夏
白虎	白い虎（あるいはキリン）	西	秋
玄武	蛇と亀の合体したもの	北	冬

表8-1 中国の四神の禽獣

主検査役の座るのが正面で、そこは北である。そこから向かって左が東、右が西で、両力士はそれぞれの仕切り線から立ち上がって対戦する。実は4本の房は45°回さないと正確な方向を向かないのだが、それぞれが、青龍（せいりゅう）神、朱雀（すざく）神、白虎（びゃっこ）神、玄武（げんぶ）神を表している。これらは中国伝来の四神（しじん）という想像上の動物で、我が国の古い古墳の壁画や仏像の台座によく使われているモチーフである。その元はインドと言われている。

丸い土俵の中で戦う大相撲の力士の取組を見ながら、ここに紹介したような四角にちなんだ歴史に想いを馳せてほしいものだ。

8-10
われわれは四角い世界から逃れられない

　ところが上の表 8-1 を見て気がつくことは、万物の霊長と威張っている人間様もこの丸い地球上に生きている限りは、四角い空間と時間、すなわち、東南西北、春夏秋冬から逃れることはできないということである。

　つまり、ビッグバンから 138 億年、それに従う 138 億光年の広がりをもつ大宇宙の中に我が太陽系が存在しているのだが、球形の太陽の周りを円に近い軌道でぐるぐる回るこれまた球形の地球、その上に生を受けたホモ・サピエンスの歴史は数十万年と言われるが、その間にどのような移り変わりがあったとしても、位置の座標軸は東南西北、時の周期的な刻みは春夏秋冬という「四角形」というおまじないに支配されているのだ。

　そこで幾何学的な四角形からは離れて、この東南西北と春夏秋冬にまつわる話題を少し追ってみることにしよう。

　実は国語学者の間でも議論が分かれていて、これらの言葉や漢字の由来については諸説があるらしい。でも、東(ひがし)が「おひさま」の出る方向で、西(にし)がその日の沈む方向から来ているということには異論がないはずである。それに対して、南と北はよくわからないそうだ。それでも「北」という字は、2 人の人が互いに背を向けて立っているみたいだし、「敗北」とか「背中」という言葉や字面(じづら)には、あまりポジティブな意味合いが感じられないことは確かである。

　西欧に目を向けてみよう。下に英独蘭(オランダ)仏西(スペイン)の各国語の東西南北を並べてみた。

	東	西	南	北
英	east	west	south	north
独	Osten	Westen	Süden	Norden
蘭	oost	west	zuid	noord
仏	est	ouest	sud	nord
西	este	oeste	sur	norte

これらのどの国にイニシアティブがあるかはわからないが、方位の重要性に対する人々の認識がヨーロッパ全体にほぼ同時期に均等に広がったということが推測される。

これに対して、春夏秋冬の四語のほうは次に示すように、各国でかなりのバラエティがあり、国や民族の間のつながりの歴史が垣間見られるようである。

	春	夏	秋	冬
英	spring	summer	autumn	winter
独	Frühling	Sommer	Herbst	Winter
蘭	voorjaar	zomer	herfst	winter
仏	printemps	été	automne	hiver
西	primavera	verano	otoño	invierno

すなわち、ドイツ語とオランダ語が近いことがはっきりとわかる。英語の spring がバネと同じ言葉であるのは、春の躍動感からきているのであろう。英語で、秋は autumn の他に fall も使われる。「木の葉が落ちる」のイメージであろう。この言葉だけがフランス語と共通ということも面

白い。独蘭の秋は非常に似ているが、英語でも harvest は（秋の）「刈り入れ」で共通している。
「東西南北」に対して、日本語の「春夏秋冬」の語源は比較的わかりやすい。というか、簡単明瞭である。

草木の芽が張る、　空が晴れる　→　ハル
暑い、　熱　→　ナツ
明るい、　空が明らか　→　アキ
冷ゆ、　ふるえる　→　フユ

漢字のほうは諸説紛々なので、興味ある人は自分でネット等で調べてほしい。いずれにしても、人間を取り巻く自然はこのように四角っぽいのだ。この四角い世界から逃れるためには、宇宙空間へ飛び出していくか、思考の世界を広げるしかない。でもとりあえずは、四角形の不思議な世界をもう一度ゆっくりと旅して見直すのはいかがであろうか。

さくいん

数字

アルファベット

た

な

は

N.D.C.414.12　234p　18cm

ブルーバックス　B-2171

四角形の七不思議（しかっけいのななふしぎ）
いちばん身近な図形の深遠な世界

2021年5月20日　第1刷発行

著者　細矢治夫（ほそやはるお）
発行者　鈴木章一
発行所　株式会社講談社
〒112-8001 東京都文京区音羽2-12-21
電話　出版　03-5395-3524
販売　03-5395-4415
業務　03-5395-3615
印刷所　（本文印刷）豊国印刷株式会社
（カバー表紙印刷）信毎書籍印刷株式会社
製本所　株式会社国宝社

定価はカバーに表示してあります。

ISBN978-4-06-523446-4

発刊のことば

科学をあなたのポケットに

二十世紀最大の特色は、それが科学時代であるということです。科学は日に日に進歩を続け、止まるところを知りません。ひと昔前の夢物語もどんどん現実化しており、今やわれわれの生活のすべてが、科学によってゆり動かされているといっても過言ではないでしょう。

そのような背景を考えれば、学者や学生はもちろん、産業人も、セールスマンも、ジャーナリストも、家庭の主婦も、みんなが科学を知らなければ、時代の流れに逆らうことになるでしょう。

ブルーバックス発刊の意義と必然性はそこにあります。このシリーズは、読む人に科学的に物を考える習慣と、科学的に物を見る目を養っていただくことを最大の目標にしています。そのためには、単に原理や法則の解説に終始するのではなくて、政治や経済など、社会科学や人文科学にも関連させて、広い視野から問題を追究していきます。科学はむずかしいという先入観を改める表現と構成、それも類書にないブルーバックスの特色であると信じます。

一九六三年九月

野間省一

ブルーバックス　数学関係書（I）

116	推計学のすすめ	佐藤　信
120	統計でウソをつく法	ダレル・ハフ 高木秀玄＝訳
177	ゼロから無限へ	C・レイド 芹沢正三＝訳
325	現代数学小事典	寺阪英孝＝編
408	数学質問箱	矢野健太郎
722	解ければ天才！　算数100の難問・奇問	中村義作
833	虚数*i*の不思議	堀場芳数
862	対数*e*の不思議	堀場芳数
908	数学トリック＝だまされまいぞ！	仲田紀夫
926	原因をさぐる統計学	豊田秀樹／前田忠彦 柳井晴夫
1003	マンガ　微積分入門	岡部恒治 藤岡文世＝絵
1013	違いを見ぬく統計学	豊田秀樹
1037	道具としての微分方程式	斎藤恭一 吉田　剛＝絵
1074	フェルマーの大定理が解けた！	足立恒雄
1201	自然にひそむ数学	佐藤修一
1243	高校数学とっておき勉強法	鍵本　聡
1312	マンガ　おはなし数学史	仲田紀夫＝原作 佐々木ケン＝漫画
1332	集合とはなにか　新装版	竹内外史
1352	確率・統計であばくギャンブルのからくり	谷岡一郎
1353	算数パズル「出しっこ問題」傑作選	仲田紀夫
1366	数学版　これを英語で言えますか？	保江邦夫＝著 E・ネルソン＝監修
1383	高校数学でわかるマクスウェル方程式	竹内　淳
1386	素数入門	芹沢正三
1407	入試数学　伝説の良問100	安田　亨
1419	パズルでひらめく　補助線の幾何学	中村義作
1429	数学21世紀の7大難問	中村　亨
1430	Ｅｘｃｅｌで遊ぶ手作り数学シミュレーション	田沼晴彦
1433	大人のための算数練習帳	佐藤恒雄
1453	大人のための算数練習帳　図形問題編	佐藤恒雄
1479	なるほど高校数学　三角関数の物語	原岡喜重
1490	暗号の数理　改訂新版	一松　信
1493	計算力を強くする	鍵本　聡
1536	計算力を強くするｐａｒｔ２	鍵本　聡
1547	広中杯　ハイレベル　中学数学に挑戦	算数オリンピック委員会＝監修 青木亮二＝解説
1557	やさしい統計入門	田栗正章／藤越康祝 柳井晴夫／C・R・ラオ
1595	数論入門	芹沢正三
1598	なるほど高校数学　ベクトルの物語	原岡喜重
1606	関数とはなんだろう	山根英司
1619	離散数学「数え上げ理論」	野﨑昭弘
1620	高校数学でわかるボルツマンの原理	竹内　淳
1629	計算力を強くする　完全ドリル	鍵本　聡

ブルーバックス　数学関係書（III）

- 1921 数学ロングトレイル「大学への数学」に挑戦　山下光雄
- 1927 確率を攻略する　小島寛之
- 1933 「P≠NP」問題　野﨑昭弘
- 1941 数学ロングトレイル「大学への数学」に挑戦　ベクトル編　山下光雄
- 1942 数学ロングトレイル「大学への数学」に挑戦　関数編　山下光雄
- 1946 数学ミステリー X教授を殺したのはだれだ！　トドリス・アンドリオプロス＝原作　タナシス・グキオカス＝漫画　竹内　薫／竹内さなみ＝訳
- 1949 マンガ「代数学」超入門　ラリー・ゴニック　藪田真弓／藤原誉枝子＝訳　鍵本　聡＝監訳
- 1961 曲線の秘密　松下泰雄
- 1967 世の中の真実がわかる「確率」入門　小林道正
- 1968 脳・心・人工知能　甘利俊一
- 1969 四色問題　一松　信
- 1973 マンガ「解析学」超入門　ラリー・ゴニック＝著・絵　鍵本　聡／坪井美佐＝訳
- 1984 経済数学の直観的方法　マクロ経済学編　長沼伸一郎
- 1985 経済数学の直観的方法　確率・統計編　長沼伸一郎
- 1998 結果から原因を推理する「超」入門ベイズ統計　石村貞夫
- 2003 素数はめぐる　西来路文朗　清水健一
- 2023 曲がった空間の幾何学　宮岡礼子
- 2033 ひらめきを生む「算数」思考術　安藤久雄
- 2036 美しすぎる「数」の世界　清水健一
- 2043 理系のための微分・積分復習帳　竹内　淳
- 2046 方程式のガロア群　金重　明
- 2059 離散数学「ものを分ける理論」　徳田雄洋
- 2065 学問の発見　広中平祐
- 2069 今日から使える微分方程式　普及版　飽本一裕
- 2079 はじめての解析学　原岡喜重
- 2081 今日から使える物理数学　普及版　岸野正剛
- 2085 今日から使える統計解析　普及版　大村　平
- 2092 いやでも数学が面白くなる　志村史夫
- 2093 今日から使えるフーリエ変換　普及版　三谷政昭
- 2098 高校数学でわかる複素関数　竹内　淳

ブルーバックス12cm CD-ROM付

- BC06 JMP活用　統計学とっておき勉強法　新村秀一

ブルーバックス　パズル・クイズ関係書

921 自分がわかる心理テスト　芦原　睦＝桂　戴作＝監修
988 論理パズル101　デル・マガジンズ社＝編　小野田博一＝編訳
1353 算数パズル「出しっこ問題」傑作選　仲田紀夫
1366 数学版　これを英語で言えますか？　エドワード・ネルソン＝監修　保江邦夫
1368 論理パズル「出しっこ問題」傑作選　小野田博一
1423 史上最強の論理パズル　小野田博一
1453 大人のための算数練習帳　図形問題編　佐藤恒雄
1474 クイズ　植物入門　田中　修
1720 傑作！　物理パズル50　ポール・G・ヒューイット＝作　松森靖夫＝編訳
1833 超絶難問論理パズル　小野田博一
1928 直感を裏切るデザイン・パズル　馬場雄二
2039 世界の名作　数理パズル100　中村義作